多年生草本植物

近自然种植设计：从原理到应用

李然　编著

机械工业出版社
CHINA MACHINE PRESS

当下近自然种植设计以"花境"的形式发展得如火如荼,却多以美学为主导思想。这样的"花境"往往看上去很自然,但并非真正的自然。实践中的不断探索势必为经验的总结提供基础,西方多样的近自然种植理论研究与实践可为我们提供相对成熟的借鉴。本书不聚焦于具体的植物种类或品种,旨在论述近自然种植设计的定义,梳理近自然种植发展的历史和领军人物,更加全面地阐明不同种植的立场、原理、方法及应用类型,指出本土实践可以探索的思路。本书结合近自然种植经典读物和践习案例的解读与评介,得出近自然种植的 10 点核心论纲,演绎至木本植物近自然种植,拓展至近自然设计,以作为我国本土设计师进行近自然种植应用的一份实践性指导手册。

图书在版编目（CIP）数据

近自然种植设计：从原理到应用 / 李然编著.
北京：机械工业出版社，2025.3. -- ISBN 978-7-111-77693-2

I. S688

中国国家版本馆CIP数据核字第 2025JL8714 号

机械工业出版社（北京市百万庄大街 22 号　邮政编码 100037）
策划编辑：时　颂　　　　　责任编辑：时　颂
责任校对：樊钟英　张　征　　封面设计：王　旭
责任印制：李　昂
北京利丰雅高长城印刷有限公司印刷
2025 年 6 月第 1 版第 1 次印刷
148mm×210mm・6.375 印张・2 插页・207 千字
标准书号：ISBN 978-7-111-77693-2
定价：79.00 元

电话服务　　　　　　　　　网络服务
客服电话：010-88361066　　机　工　官　网：www.cmpbook.com
　　　　　010-88379833　　机　工　官　博：weibo.com/cmp1952
　　　　　010-68326294　　金　书　网：www.golden-book.com
封底无防伪标均为盗版　　　机工教育服务网：www.cmpedu.com

序一

同作者李然相识起自其就读北京林业大学园林学院期间，因该大学是我的母校，又是同一个专业，所以当时多为其在学业上答疑解惑。直到她后期读研、工作、留学德国攻读博士过程中，我们在专业方面的交流未曾中断。她在大学期间师从李雄教授读研，建立了学术研究的思维方式，在北京市园林古建设计研究院工作期间，丰富了园林实践的工作经验。后期也是在我的建议下继续出国深造，从更宽广的视野来充实其自身的专业知识与见地。

李然具有对事业执着追求的精神，并善于学习、勤于思考与总结。此书的编写并非其博士研究的主题，而是源于她对植物栽培、种植设计的喜爱和专业的敏感性。从近自然种植设计方面切入，对西方植物配置的发展与实践进行梳理，并总结成书。

近年来在国内，近自然植物景观营造也得到了广泛的共识，但在实践中推动较为缓慢。在城市园林绿化的花卉应用方面，从最初的节日花坛摆放，到目前的野花组合栽培、多种类花卉组合的花境配置，从色彩的丰富度及景观美化效果都受到赞誉，但这些成效的背后却是大量的人力、财力的投入，极大地限制了推广应用。如何做到既有较好的美化效果，又能适应当地自然条件且有长期稳定景观表现的植物配置方法，取得少乏人工之事而胜似天成之景，是当前行业技术发展亟待深入研究之方向。

恰逢其时，此书为专业人员提供了很好的借鉴。其系统梳理了西方在近自然植物景观配置发展的脉络、领军的研究人物及研究成果。尤其是作者以各种案例，就其分布的环境条件、景观效果、植物配置特点、养护标准等方面进行了分类讲述。应该说该书具有较强的学术价值和实践指导意义，不仅可用于专业人员专题考察、研究，亦可为广大园林爱好者出国游览导引索骥，进行有针对性的游赏，了解各案例的设计原理，愿广大园林行业的践行者能够通过此书有所收获。

以上是我在阅读书稿后的感悟之话，仅此以为序。

马玉

2025 年 5 月 10 日于北京

序二

风景园林是如何合理运用自然因素（特别是生态因素）、社会因素来创建优美的、生态平衡的人类生活境域的学科。山水、建筑、植物等是构成园林的基本元素。其中植物是园林中具有生命活力的要素，形成了园林绿色生境和景观基底。园林植物种植设计手法是风景园林设计的重要环节。如何体现植物生态、景观和文化多重价值，充分发挥植物生态效益，展现植物景观地域特色是植物景观设计的重大问题。随着城市化进程推进和人口集聚，城市居民越来越远离自然，回归自然成为人们普遍的追求和向往。近自然种植设计成为园林植物景观设计的主流发展方向。

本书的最大特色是重点阐述了近自然种植设计定义，系统梳理了其在欧美国家的发展历史脉络，对国外多样的近自然种植理论研究和实践加以总结，提出近自然种植设计以自然为师、效法自然的理法和创作路径；并以花境为主体阐述了近自然种植的多种应用类型，明确提出 10 个近自然种植设计应该遵循的核心原则，对提高我国园林植物景观设计和近自然种植设计水平具有重要的价值。

作者对欧洲近自然种植案例项目进行了详尽的调研，现场拍摄大量精美的图片。通过英国、德国、瑞士、荷兰的近自然种植实践项目 60 余个，展示出在花园、公园和植物园方面近自然种植设计的建成效果和生动场景，为风景园林从业者提供了近自然种植相对成熟的借鉴经验。

作者在北京林业大学园林学院本硕学习期间在风景园林领域打下了扎实的专业基础，在德国留学多年又专注植物景观设计研究。《近自然种植设计：从原理到应用》这部专著出版凝聚了其多年学习和研究的丰硕成果。书中又对近自然种植设计方面的学术论文、教科书、设计师专著进行分类和评介，非常有益于在校师生学习研究使用。衷心祝贺本书出版。

北京林业大学　李雄

2025 年 5 月 20 日

前言

本书撰写的目标在于将时下兴起的"花境"设计中的近自然种植原理阐述清晰，同时将欧洲多年研究的结果呈现出来，结合西方已有的应用类型、实践思路等，分门别类梳理各种看似相似但却不同的设计方法，抛砖引玉，在揭示创新秘诀的基础上，为国内蓬勃发展的种植设计领域提供一些思路。

在这里，我们明确一下近自然种植的基本主张：

首先，**关注那些并不靠繁花似锦吸引眼球的近自然种植**。正所谓和光同尘，苔花如米小，也学牡丹开，它们都是栖息在这片土地上的生物，并不只是取悦人类的装饰。因此，作为当代的种植设计师，不应像圈养宠物一样将其按照自然的样貌单纯移植，更应该思考如何帮助每一株植物找到适合它们居住、繁衍的场所，同时为人类的生活增添色彩与情趣。

其次，西方的草本种植发展开始从以美学为主导逐步向科学倾斜，通过大量的观察、试验，更为精准地把控种植多年后的效果，**实现一种人工力与自然力的平衡**。这与我国在漫长的种植历史中不断试错、改进的探索方式如出一辙。当下，我们需要做的是对完成项目进行跟踪观察、经验总结，而非仅关注项目完成后立竿见影的效果。

最后，近自然种植需要长期的养护，像极了一个人迁徙到一个新的城市需要适应的过程，因此**需要长远的规划与养护并具备耐心**。不同植物的适应程度不同，它们之间的竞争亦会相互影响，从而动态地呈现出不同的景象。

本书共有 9 章，首先确定本书中对于各种种植应用方式的定义（第一章），在此基础上梳理近自然种植发展的历史和领军人物（第二章），再表明近自然种植的立场（第三章），阐述近自然种植的原理与方法（第四章），归纳总结各种应用类型（第五章），指出本土实践可以探索的思路（第六章），结合近自然种植经典读物（第七章）和践习案例（第八章）的解读与评介，得出本书的 10 点核心论纲，指出近自然种植从草本种植到木本种植的演绎及近自然种植到近自然设计的拓展（第九章）。

尽管本书的写作思路是基于多年生草本的近自然种植展开的，但由于近自然种植本身是一种种植立场，无须区分草本与木本植物，所以文中以"近自然种植"笼统概括，而未逐次赘述"多年生草本"的定语。此外，一些专业词汇的翻译尚需斟酌，恐有与现有的专业词汇不符之处，多以脚注的形式进行解释。本书的撰写略有仓促，势必会有一些疏漏或者不够完善之处，望各位同行指出，期待与大家讨论。

李然

2024 年 4 月 21 日

于柏林

目录

序一
序二
前言

第一章 定义|跳出以草本植物为装饰的窠臼：花坛、花境与近自然种植的差异 001
第一节　花坛与时令种植 003
第二节　花境与近自然种植 006

第二章 历史|领军人物：近自然种植设计理论与实践的发展 009
第一节　英国：从野趣花园到播种的谢菲尔德学派 011
第二节　德国：从基于"生活范围"的新德国风格到混合种植 016
第三节　美国：诗意模拟自然效果的新美国花园 024
第四节　荷兰：皮特·奥多夫掀起的荷兰浪潮 025

第三章 立场|场地精神的驻扎：拒绝单纯移植的自然与区分再野化 027
第一节　拒绝第一自然的单纯移植：真实驻扎的过程是演替 029
第二节　呼吁第四自然的提炼与升华：自生植物的应用并非再野化 034

第四章 理法|以自然为师：近自然种植设计的原理与方法 038
第一节　从格里姆到库恩：生态策略类型理论在应用中的发展 040
第二节　熟悉自然原型：区分草坪与草甸（草地） 044
第三节　美学的加持：近自然种植的设计与试验 049
第四节　确保持久生命力的关键：近自然种植的实施与养护 053

第五章 应用|近自然种植应用类型：从单一种植到混合播种 057
第一节　单一种植 060
第二节　块状种植 061
第三节　流线型丛植 062
第四节　阵列种植 064
第五节　群植 065
第六节　马赛克种植 066
第七节　图案种植 067
第八节　领袖种植：英式原则 068
第九节　领袖种植：植物社交水平原则 070

第十节	核心组种植	071
第十一节	散植	073
第十二节	景象种植	075
第十三节	渐进种植	076
第十四节	延续种植	077
第十五节	混合种植	078
第十六节	播种与混合栽种	081
第十七节	播种	082
第十八节	创新秘诀：应用类型的有序叠加	084

第六章 实践|花园主题：本土实践的思路   086

第一节	源自北美的草原原型	088
第二节	亚欧大陆的干草原原型	089
第三节	突破传统的月季花园	091
第四节	对荒原的憧憬：石楠花园	093
第五节	自然带来的惊喜：盲盒花园	094
第六节	砾石花园并非砾石花床	096
第七节	海绵城市渗池：交替潮湿地区的标志物种	097
第八节	分选园：作为户外试验室的植物园	098
第九节	互惠互利的昆虫友好花园	100

第七章 经典|近自然种植重要参考书评介   101

第八章 践习|近自然种植案例项目解读（欧洲部分）   110

第一节	花园：方寸之间的四时变迁与沧海桑田	112
第二节	植物园：摆脱精致化的牢笼	113
第三节	公园：本土与自生植物的 2 种植思路	114
第四节	保护地与城市边缘：自然的渗透	115

第九章 结论|总结与展望   160

第一节	近自然种植的 10 条核心论纲	162
第二节	从草本种植到木本种植的演绎	163
第三节	从近自然种植到近自然设计的拓展	167

附录　近自然种植植物配比表   171

专业词汇表   184

参考文献   189

致谢   194

定义

第一章
跳出以草本植物为装饰的窠臼：花坛、花境与近自然种植的差异

"以草本植物为装饰"于艺术与工艺运动（Arts and Crafts Movement）前在欧洲倍受推崇，然而自威廉·罗宾逊（William Robinson，1838—1935）的《野趣花园》（*The Wild Garden*）[○]和格特鲁德·杰基尔（Gertrude Jekyll，1843—1932）[○]在英国的各种实践开始，草本植物开始跳出仅作为装饰的窠臼。

单纯突出植物个体的观赏价值，是 gardenesque [○]的设计误区和主要被诟病的地方。李雄在题为《园林植物景观的空间意象与结构解析研究》的博士论文中，同样强调了"应改变植物实体作为视觉景观重点的传统思维模式，强化由实体构成的园林植物空间在植物景观设计中的意义"[⑳]。尽管相较木本植物，草本植物塑造空间的能力稍逊一筹且时间上难以连贯，但多年生草本植物仍可通过定义地面层塑造空间，其形式和效果具有较木本植物更为丰富的动态变化，因此草本植物不应拘泥于时令花坛等仅倾向于装饰的应用方式。

为了保证多年生草本植物可持续地塑造空间，其设计的理论基础不可局限于美学，为此西方基于生态策略类型理论的近自然种植进入视野，从而为真正实现长期种植效果提供依据。然而，当下备受追捧的"新自然主义种植"被泛称为"花境"，多仍以美学为主导思想。由于缺乏生态原理的加持，这样所谓的"花境"尽管看上去很自然，但并非真正的自然。而"花境"一词的滥用，更漠视了其自身的文化价值。因此，有必要在本书的开篇，区分花坛、花境与近自然种植。

[○] 威廉·罗宾逊（William Robinson，1838—1935）的《野趣花园》（*The Wild Garden*），首次于 1870 年出版，挑战原本僵化的种植规则，通过应用本土和外来植物，考虑形式、色彩、生长栖息地、叶子等因素，成组种植以野趣风景为旨趣的花园。书中充斥着大量的想法和细节，耐人寻味。

[○] 格特鲁德·杰基尔（Gertrude Jekyll，1843—1932），对当代种植设计的影响在于她所制定的花园设计原则和种植主题。杰基尔完成了包括林地花园、水景花园、草本花境（flower borders）在内的多种设计工作，以表达其对自然效果的追求。她十分钟爱对色彩以及植物肌理的运用，例如从冷色调过渡到暖色调再过渡回冷色调的花境设计。

[○] 由约翰·克劳迪乌斯·劳登（John Claudius Loudon，1783—1843）对应"如画式 picturesque"一词提出，注重个体植物的展示。劳登注重 Gardenesque 的主张有许多误区，详见 T.H.D.Turner 的文章 *Loudon's stylistic development*，不予赘述。

[⑳] 李雄.园林植物景观的空间意象与结构解析研究 [D]. 北京：北京林业大学，2006。

第一节　花坛与时令种植

"花坛"一词承载了太多概念：英文"flower bed"通常被翻译为花坛，但是"flower bed"的内涵事实上与以国庆花坛为代表的时令花坛是不同的；还有一直以来被翻译为花坛的"parterre"以及被称为刺绣花坛的"parterre de broderie"也属于专业术语，有专门的定义。

为避免误解，本书中将英文"flower bed"翻译为"**花床**"，是指**花卉的种植床**，平面有可见的维护花卉种植的边界。花坛、花境均可以建造维护花卉的花床，从而区别于如林下、水边等其他近自然种植的场地。花床的边界可以通过多种材料建造，不一而足，包括自然石材、混凝土砌筑、钢板或锈钢板、木材等。花床中既可以应用多年生的木本、草本植物，也可以应用一二年生的草本植物。

而"**花坛**"则**突出其时令性**，是指在特定季节利用花卉组合，突出色彩、图案（模纹花坛）、雕塑或装置（立体花坛）等效果的应用形式。花坛以一二年生花卉为主，可以客土，但其效果的时令性需要经常更换，因此德文称之为 Wechselflor，其中的 wechsel 就是更换、改变的意思，Flor 则指盛开的花簇。这与我国五一、十一期间的花坛是很类似的，但其并不会简单地用盆栽拼接图案，而是会将植物临时种植于客土的花床中。图 1-1 中为 2019 年海尔布隆园林展的花坛设计（Wechselflor），植物色彩对比度强，但散植于作为缓冲的蓬松植物之中，此为烘托气氛的临时栽植，园林展结束后则不需继续养护。该花坛并没有明显的花床收边，而是利用砾石作为覆盖物与周围的透水铺装（wassergebundene Decke）融为一体。

法文 parterre 特指文艺复兴时期至洛可可时期的园林设计要素。其中包括很多种类：比如 parterre all'italiana 是文艺复兴时期以黄杨为主要材料修剪而成的花坛；parterre de broderie，即 parterre à la française，则是指 17 世纪后期至 18 世纪以凡尔赛宫为典型代表的刺绣花坛，刺绣花坛并非仅由植物组成，还包括彩色的砾石、砖和沙地等元素（图

图 1-1 2019 年海尔布隆园林展佩特拉·佩尔茨（Petra Pelz）的种植设计作品，作者自摄，拍摄时间：2019 年 7 月 30 日

1-2）；parterre à l'anglose 指由花境形成的英式草坪小隔间；parteste de compartiment 则指 18 世纪后期，装饰草坪和花卉组成的花坛[⊖]⋯⋯这些隶属园林史研究的专有名词定义明确，虽然在翻译中往往都会粗略地翻译为花坛，但是其内涵是不同的，与上文所述的时令花坛是有很大区别的。

此外，**花台**是中国传统的花卉应用形式，往往高于地面，例如颐和园的牡丹花台。花台在西方被称为"raised bed"，现代也广泛应用于兴起的城市农业中。花台作为高于地面的花床，并不强调时令种植的特征，花台本身可以定义空间（图 1-3）。

由此可见，突出时令种植的花坛，无法可持续地塑造空间，只是烘托节庆氛围的装饰，缺少生态学理论的加持。因此，一二年生的植物便可大

⊖ Gartenaesthetik. Begriffe der (Landschafts-) Gartenarchitektur [EB/OL]. [2024-03-24].https://gartenaesthetik.de/gartenaesthetik-glossar/。

图 1-2　法国凡尔赛宫花园（Jardin de Versailles）刺绣花坛，作者自摄，拍摄时间：2022 年 7 月 26 日

图 1-3　克里斯蒂安·迈耶（Christian Meyer）为 2001 年在波茨坦举办的德国联邦花园展设计的花台，现位于波茨坦人民公园（Volkspark）内，作者自摄，拍摄时间：2019 年 10 月 26 日

显身手。尽管多年生草本植物同样可以应用于花床，但其目的并不局限于突出时令烘托节庆氛围，而是长期栖居，在设计过程中往往需要考虑物种之间的种间竞争。在草本植物应用中，**应首先明确应用的目的，运用相应的方法，再选择适合的植物材料**。

第二节　花境与近自然种植

花境，英文为 flower border，德文为 Rabatte，起源于英国。传统的英国花境分为由宿根植物构成的多年生花境、由宿根植物和木本植物共同组成的混合花境两种，呈带状，通常 2~4 m 宽，长度各异[⊖]。尽管花境能够保证常年效果，具备一定程度的近自然种植属性，但是"花境"是具有英国园艺传统的专有名词，并不是"具有近自然种植效果"的种植统称，不可滥用。花境是侧重于观赏装饰的应用方式，通常应用于花床中，与模拟自然野生状态的近自然种植是不同的（图 1-4）。

本书中的"近自然种植"是**借鉴植物在自然中的野生状态，选取其中观赏价值较高的物种，经过美学加持组合植物的方法，其目的是形成长期稳定不依赖精细养护便能真正生活在场地之上的群落**。近自然种植既非中式的"自然式种植"，后者更加偏重文化属性，与中国自古的自然观息息相关；亦非"自然式的种植效果"，因其不局限于视觉效果上的自然，或非规则式的构成。因此，种植床中的多年生草本植物的应用，严格意义上并非近自然种植，或者说可以是应用近自然种植理念的一种特例。

近自然种植的概念最初由杭烨引入我国，译自 naturalistic 一词，翻译为"新自然主义种植"。该词可作为具有哲学内涵的 naturalism，即"自然主义"的形容词；亦可理解为"模仿自然的"。为避免可能产生的、哲学专有名词应用于以科学为指导的种植设计方法的误解，本书并未延续此翻译。此外，德国、荷兰等国相关的实践，与英国的探索有很多相

⊖ Norbert Kühn. Neune Staudenverwendung [M]. Stuttgart: Verlag Eugen Ulmer，2011: 300。

图 1-4　位于英国威尔士卡迪夫（Cardiff）的花境，作者自摄，拍摄时间：2017 年 6 月 1 日

似之处，这些百花齐放的尝试，长时间相互影响着（详见第二章）。因此，由 naturalistic 翻译而来的"新自然主义种植"与可翻译为"近自然种植"的德文 naturnahe Pflanzung 的内涵是相近的⊖，它们的发展脉络相互交织，却又不完全相同。本书不想引发关于专业名词翻译的争论，因此以"近自然种植"笼统命名。我国有丰富的自然资源作为得天独厚的近自然种植基础，需要的只是借鉴他国理论经验与方法，发展自身特色。

⊖　由于英文中不存在与德文 naturnah（Natur 是自然，nah 是相近的，即近自然的）直译的词，因此 naturalistic 和 naturnah 可以理解为同义。此说法在作者与柏林工业大学的诺伯特·库恩（Norbert Kühn）教授的非正式访谈中由库恩教授提及。

图 1-5 为德国巴登—符腾堡州埃平根（Eppingen）花园展中近自然（naturnah）溪流周边的近自然种植；图 1-6 为德国柏林植物园中的地被，看似平平无奇但却是有意而为之，使其可以长期生活在林下。

图 1-5　德国巴登—符腾堡州埃平根（Eppingen）花园展近自然种植，作者自摄，拍摄时间：2022 年 8 月 20 日

图 1-6　德国柏林植物园林下近自然种植，作者自摄，拍摄时间：2023 年 6 月 24 日

第二章
领军人物：
近自然种植设计理论与实践的发展

历史

近自然种植设计理论与实践发展的历史并不是线性的，而是在英国、德国、荷兰、美国等国家的园艺师及风景园林师基于各自国家特点的独立探索与相互交流中，逐渐形成的。这些探索可追溯到百年前，并仍在继续，包括**荷兰浪潮**（Dutch Wave）、**新德国风格**（New German Style）、 **新美国花园**（New American Garden）**与谢菲尔德学派**（Sheffield School）等均标志着各个国家尝试过程中里程碑式的硕果。接下来将对各个国家近自然种植设计理论或实践发展中的重要人物及其所做出的贡献以及他们之间的相互关系进行简要的梳理。

第一节　英国：从野趣花园到播种的谢菲尔德学派

英国是最早开始探索近自然种植的国家，从最初**威廉·罗宾逊**的理论设想，到后来**格特鲁德·杰基尔**艺术与工艺运动中的尝试，逐步从维多利亚地毯式花床种植，转换到了近自然种植。英国的设计师在当代仍有持续的实践输出，切尔西花展为其提供了重要的交流平台，包括**贝丝·查托**（Beth Chatto）、**丹·皮尔森**（Dan Pearson）、**汤姆·斯图尔特·史密斯**（Tom Stuart-Smith）等均多次荣获切尔西金奖。谢菲尔德大学作为播种草甸的重要研究者与实践者，以**奈杰尔·邓尼特**（Nigel Dunnett）教授与**詹姆斯·希契莫夫**（James Hitchmough）教授为代表。

威廉·罗宾逊

在西方的语境中，近自然种植无法绕开威廉·罗宾逊：在规则的地毯式花床种植一统天下的维多利亚时代，勇于探索野趣花园的先驱，《野趣花园》一书是其代表作。他认为的野趣花园，并非放任自然生长的花园，而是来自世界各地的植物群落的近自然种植和近自然发展，需要养护与干预，从而保证其持久的存在。他并不会区别对待本土植物和外来植物，而是更加关注如何能在粗放养护下适地种植。他的许多观点即便在今天也仍然适用，对后来的许多种植设计师产生了重要的影响⊖。

格特鲁德·杰基尔

新艺术运动受到艺术与工艺运动的影响，天然建造材料被重新发现和应用，格特鲁德·杰基尔则将目光投向了植物材料。她本是一名画家，但是身体力行，通过花园设计找到了新的艺术表现形式。她在她的花园

⊖ Klaus-Dieter Bendfeldt. Vom Teppichbeet zur naturnahen Pflanzung: ein Rückblick auf die Entwicklung und Verwendung der Stauden- und Gehölzsortimente von 1900—1950 [M]. Oceano，2019: 46-55。

中，将罗宾逊野趣花园的大胆设想付诸实践，在 1883 年罗宾逊出版的《英国花园》(*The English Flower Garden*)一书中，撰写了有关色彩的章节，继而成为她的著作《花园色彩主题》(*Colour Schemes for the Flower Garden*)的基础。在几百个花园实践的基础上，她发展了自己的种植美学，成为新艺术运动(Art nouveau)花园设计的代表：规则的布局与不规则的种植相结合。

杰基尔种植的成就可以归纳为以下 10 点。
1）植物和植物群落，不论源自哪里，都能自然生长。
2）植物的安排按照美学的原则确定，注重色彩构成，同样重视植物的结构和肌理。
3）自创的混合花境。
4）自创的流线型丛植(drift)：狭长的流线型种植丛，在花境中有韵律地重复（每丛可长达 7.5 m）。
5）木本植物、月季、宿根植物一年生植物及球根植物（如美人蕉、大丽花等）的组合搭配。
6）种植于乔灌木之间的攀缘植物。
7）灰色叶植物的多重应用。
8）取代草坡，利用干垒墙和台阶为植物应用创造环境。
9）在自然石板间种植可以填缝的垫状松软植物（不高于 30 cm，生长覆盖地面，常用于岩石园中）。
10）特殊植物群的主题花园（专类园）。

杰基尔的代表作品是位于蒙斯特德伍德(Munstead Wood)的自家花园，在此她实现了非常多的植物应用的构想：包括植物的组合、色彩搭配、植物构图的养护和发展以及尝试新的物种和品种。她按照愿景来进行设计，而非关注植物的自然群落构成和物种的产地。这座花园拥有她最为著名的 70 m 长，5 m 宽，位于 4 m 高的自然石墙前的花境㊀。

㊀ Klaus-Dieter Bendfeldt, op.cit, 2019: 56-59。

贝丝·查托（1923—2018）

查托家族在一片废弃地上建立了新家，然而最初此处很少的降雨量为新建花园带来了重重困难，直到贝丝的丈夫安德鲁（Andrew Chatto）对植物进行了研究而开始改观。在这些植物知识的基础上，贝丝开始为种植条件艰难的花园选择植物。在开展了一系列的讲座等社会活动的基础上，一些植物苗木的订单蜂拥而至，查托苗圃应运而生（1967 年）[⊖]。

贝丝连续 10 年荣获切尔西花展的金奖，曾在英国皇家园艺学会（The Royal Horticultural Society）大厅内举办名为"不寻常植物"（Unusual Plants）的展览[⊖]。她的首本著作《干花园》（*The Dry Garden*）于 1978 年问世，随后又陆续出版和再版了多本图书。

贝丝的花园开始于 1960 年，期间不断养护、扩建，现共分为 5 个主要的部分，其中最为著名的就是建成于 1992 年的砾石花园（Gravel Garden），该花园最初由停车场改造而来，由耐旱植物组成，在极端干旱的情况下也未曾浇灌。碎石堆花园（Scree Garden）展示了来自阿尔卑斯山的自然生长在石山中的植物，此处的土壤和排水保证了其生存。水花园（Water Garden）包含一系列的池塘和喜爱高湿度的植物，它们的巨大叶子充满了整个空间并很好地降低了局部的温度。林园花园（Woodland Garden）充斥着耐阴的灌木、宿根植物与球根植物。水库花园（Reservoir Garden）中厚厚的黏土于 2017 年由贝丝的团队对其进行改良，展示着观赏草和北美草原风的植物[⊖]。

奈杰尔·邓尼特

奈杰尔·邓尼特是谢菲尔德学派的主力之一，谢菲尔德大学种植设计和城市园艺的教授，主要研究方向为种植花园和公共空间的新生态方法。他的工作往往将生态和园艺相结合，实现低投入高回报的动态、丰富

⊖ Beth Chatto's Plants & Gardens [EB/OL]. [2024-03-22].https://www.bethchatto.co.uk。

且自然的景观。邓尼特的博士论文以约翰·菲利普·格里姆（John Philip Grime，1935-2021）的生态策略为主题，他的设计基于多年的实验研究与实践。此外，他著有多本专著，涉及种植设计、水敏感设计和城市雨洪管理等方面，其中 2019 年出版的 *Naturalistic Planting Design: The Essential Guide* 已由中国林业出版社引进翻译，译名为《自然主义种植设计：基本指南》。他主持的项目包括伊丽莎白女王奥林匹克公园（种植设计和园艺顾问主管，与詹姆斯·希契莫夫一起）、伦敦的巴比肯中心（Barbican Centre）以及英国最大的加建内城绿道和水敏感主题的"谢菲尔德由灰至绿（Sheffield's Grey to Green）"（图 2-1）等。此外，邓尼特也同样是切尔西花展的金牌得主[⊖]。

图 2-1　位于谢菲尔德的由灰至绿项目，作者自摄，拍摄时间：2024 年 9 月 12 日

[⊖] Nigel Dunnett [EB/OL].[2024-03-22].https://www.nigeldunnett.com/about/。

詹姆斯·希契莫夫

另一位谢菲尔德学派领军人物詹姆斯·希契莫夫同样是谢菲尔德大学的教授，主要以播种的方法进行草甸种植设计的研究与实践。他的作品遍及全球，除与奈杰尔·邓尼特合作的伊丽莎白女王奥林匹克公园外，还包括如英国皇家园艺学会 Hyde Hall 花园中的"大天空草甸"（Big Sky Meadow）、北京世界园艺博览会展园设计（与汤姆·斯图尔特·史密斯合作，图 2-2）等。希契莫夫关注城市空间中的种植，十分重视生态、设计与养护，强调将种子组合试验并调试后进行设计应用的过程[⊖]。他的主张以学术论文、演讲等形式发表，2017 年出版的《播种美丽：从种子开始设计花甸》（*Sowing Beauty: Designing Flowering Meadows from Seed*）是其多年研究与实践的总结。

图 2-2　北京世界园艺博览会展园，拍摄：耿欣，拍摄时间：2023 年 6 月 23 日

⊖ James Hitchmouch. Sowing Beauty: Designing Flowering Meadows from Seed [M]. Portland: Timberpress，2017: 27。

第二节　德国：从基于"生活范围"的新德国风格到混合种植

20 世纪 90 年代初期，英国植物设计专家在德国看到了**罗斯玛丽·外斯**（Rosemarie Weisse）的慕尼黑西园、韦恩施特芬分选园（Weihenstephan Sichtungsgarten）和赫尔曼霍夫分选园（Hermannshof Sichtungsgarten），首次接触到了汉森的"生活范围"理论。在 1994 年邱园研讨会上，由外斯和乌斯·瓦尔泽（Urs Walser）对该理论进行了介绍。至此，德国的多年生草本近自然种植名声大噪，而"新德式"的命名则是由英国园林记者斯蒂芬·莱西（Stephen Lacey）提出的[1]。新德式花园设计的目标是建立长久的植物群落关系，通过较少的养护，确保全年的风景效果。

新德式风格主要拥有以下特征。

1）适地适树。
2）种植密度符合其自然规律。
3）植物的组合符合其自然生长和扩张的规律。
4）遵守主景植物和四季景致的原则。
5）植物的结构、肌理和色彩搭配。
6）具有明显观赏季节特征的混合种植。
7）注重应用不同生命周期的植物种类[2]。

事实上，目前欧洲的近自然种植都具有上述特征，尽管荷兰、英国和德国在最初尝试的途径并不一致，原理也有少许区别，模拟的自然本体也不尽相同，但是随着各国近自然种植实践的相互影响、借鉴，其愿景和特征在许多方面是趋同的。下文将就新德国风格到混合种植在德国的发展过程中的关键人物进行介绍，活跃在德国当代的近自然种植设计领域的设计师，如海纳·卢兹（Heiner Luz）、克里斯蒂安·迈耶等则将在

---

[1] Frank M. von Berger New German Style für den Garten [M]. Stuttgart: Verlag Eugen Ulmer, 2016: 18-19。
[2] ibid, 2016: 24。

后文相关章节中陆续评述。

卡尔·福斯特（Karl Foerster，1874—1970）

卡尔·福斯特最早于 1889~1891 年在什未林（Schwerin）城堡花园接受园丁培训，后转入由彼得·约瑟夫·莱内（Peter Joseph Lenné，1789—1866）[⊖]建立的波茨坦园艺学校（Gärtnerlehranstalt in Wildpark bei Potsdam）。他于 1907 年在柏林西区（Westend）自营了第一家苗圃，后迁至波茨坦的博尼姆（Bornim），即波茨坦卡尔·福斯特花园（图 2-3）。

福斯特首先是一位园艺培育家，他一生培育了 362 种植物，其中包括大名鼎鼎的卡尔拂子茅。而他在波茨坦的友谊岛（Freundschaftsinsel）建

图 2-3　波茨坦卡尔·福斯特花园，作者自摄，拍摄时间：2024 年 9 月 22 日

○　彼得·约瑟夫·莱内（Peter Joseph Lenné，1789—1866）：普鲁士园林设计师，曾任职普鲁士皇家园林总设计师。他发展了英式风景园，十分多产，作品包括波茨坦地区的皇家园林，以无忧宫最为著名，对柏林的城市规划有很大贡献。此外，他还建立了影响德国风景园林专业至深的波茨坦园艺学校，是德国风景园林专业的先驱。

设的花园为后来的韦恩施特芬分选园提供了蓝本。福斯特还是一位理论家，一生书写了 29 本书，发表了大量的论文与报告。

福斯特并非园林设计师，但是却影响了赫塔·汉默斯巴赫（Herta Hammerbacher，1900—1985）[一]、赫尔曼·马特恩（Hermann Mattern，1902—1971）[二]、理查德·汉森（Richard Hansen，1912—2001）等许许多多的园林设计师，还包括奥托·巴特宁（Otto Bartning，1883—1959）[三]、汉斯·沙龙（Hans Scharoun）[四]在内的建筑师等。他的学生如恩斯特·帕格尔斯（Ernst Pagels，1913—2007）[五]，建立了自己的苗圃；与他一同工作过的沃尔夫冈·欧梅（Wolfgang Oehme，1930—2011）则一手建立了"新美国花园"（New American Garden）的设计风格；包括"荷兰浪潮运动"（Dutch Wave）也间接受到了福斯特的影响。福斯特的自然风格源于自己对自然植物的培育经验，而非通过自然风景提炼出的高于自然的想象，是德国多年生草本植物近自然种植的奠基人[六]。

波茨坦卡尔·福斯特花园是受艺术与工艺运动影响的德国革新花园时期（Reformgartenzeit）的花园代表，最初的建设年份不可考证，但可佐证 1913—1914 年花园已经建成。当时的花园是建筑式与风景式的混合风格，其中自然花园 [Naturgarten，今为私人花园（Privatgarten）] 与岩石园（Steingarten）为风景式，体现野趣花园的艺术；下沉园（Senkgarten）、春之路（Frühlingsweg）、秋季花床（Herbstbeet）和实验花园（Versuchsgarten）为建筑式。波茨坦卡尔·福斯特花园在第二次世界大战时期被用于种植土豆和蔬菜，1981 年被当时的德意志

[一] 赫塔·汉默斯巴赫（Herta Hammerbacher, 1900—1985）：德国著名的园林设计师，柏林工业大学风景园林专业首位女教授。
[二] 赫尔曼·马特恩（Hermann Mattern，1902—1971）： 德国 20 世纪最为重要的园林设计师之一。
[三] 奥托·巴特宁（Otto Barning, 1883—1959）： 巴特宁是德国建筑师和建筑理论家，尤以教堂建筑设计著名。他最初与瓦尔特·格罗皮乌斯（Walter Gropius，1883—1969）一同制定了包豪斯（Bauhaus）的计划。
[四] 汉斯·沙龙（Hans Scharoun）：德国有机建筑代表人物，其代表作品为德国柏林爱乐音乐厅。
[五] 恩斯特·帕格尔斯（Ernst Pagels, 1913—2007）： 德国的园艺师和植物培育师。
[六] Norbert Kühn. Karl Foerster Garten in Bornim bei Potsdam [M]. Stuttgart: Verlag Eugen Ulmer, 2018: 4, 6, 11, 12, 14, 16。

民主共和国登记为文物保护单位，于 2001 年波茨坦联邦园林展期间被重建㊀。重建后的花园围绕建筑，包括私人花园、岩石园、下沉园、春之路、秋季花床 5 个部分。

理查德·汉森（Richard Hansen，1912—2001）

理查德·汉森最早于 1934—1936 年在波茨坦协助卡尔·福斯特工作，1939 年毕业于柏林洪堡大学艺术史和植物社会学专业，长期从事教学工作，于 1948 年完成慕尼黑韦恩施特芬分选园研究所的建设，1949 年在韦恩施特芬（Weihenstephan）从事教学工作。1961 年完成博士学习，着手开展野生宿根花卉的分选研究，于 1972 年与赫尔曼·穆瑟尔（Hermann Müssel）公开发表"生活范围（Lebensbereich㊁）"理论研究，1981 年出版重要理论著作《宿根花卉及其在花园和绿地的生活范围》（*Die Stauden und ihre Lebensbereiche in Gärten und Grünanlagen*）㊂。汉森最大的贡献就是主张植物应"生活"而非"生存"，基于此得出"生活范围"（图 2-4）理论并建设韦恩施特芬分选园。

将植物生态学和植物应用相结合，汉森在腓特烈·施塔尔（Friedrich Stahl）的协助下，将福斯特"野趣花园艺术"的想法归纳为可予以实践的理论。在植物社会学（Pflanzensoziologie）的学科背景下，汉森提出"强调依照'生活范围'的植物组合（Pflanzengemeinschaft㊃）"，目的是令草本植物可在生活范围内与它们的"伙伴"（即生活要求相似/相同的其他草本植物）实现最优搭配。他们将"生活范围"归纳为"林下""林缘""开敞空地""岩石绿化区域""花床㊄""水边""沼

㊀ Norbert Kühn, op.cit, 2018: 56-59。
㊁ Lebensbereich，类似现在群落生境的概念，但其分类更强调空间要素，即植物生活的场所。
㊂ Karl-Foerster-Stiftung. Prof. Dr. Richard Hansen. [EB/OL]. [2020-01-22].https://www.ulmer.de/Karl-Foerster/Der-Bornimer-Kreis/Richard-Hansen/4980.html?UID=BBD3A4E2C18E4C409BE42C6ABF87C3671DAEA95C4AA5E8。
㊃ Pflanzengemeinschaft（植物组合）与 Pflanzengemeinschaft（植物群落）含义不同，前者更加强调依照生活范围的植物组合；与 Pflanzengesellschaft（植物社会）亦不同，后者是基于植物社会学，指有规律的植物种间相互依存关系。
㊄ 指为了美学而设立的种植床（并不强调植物生活型）。

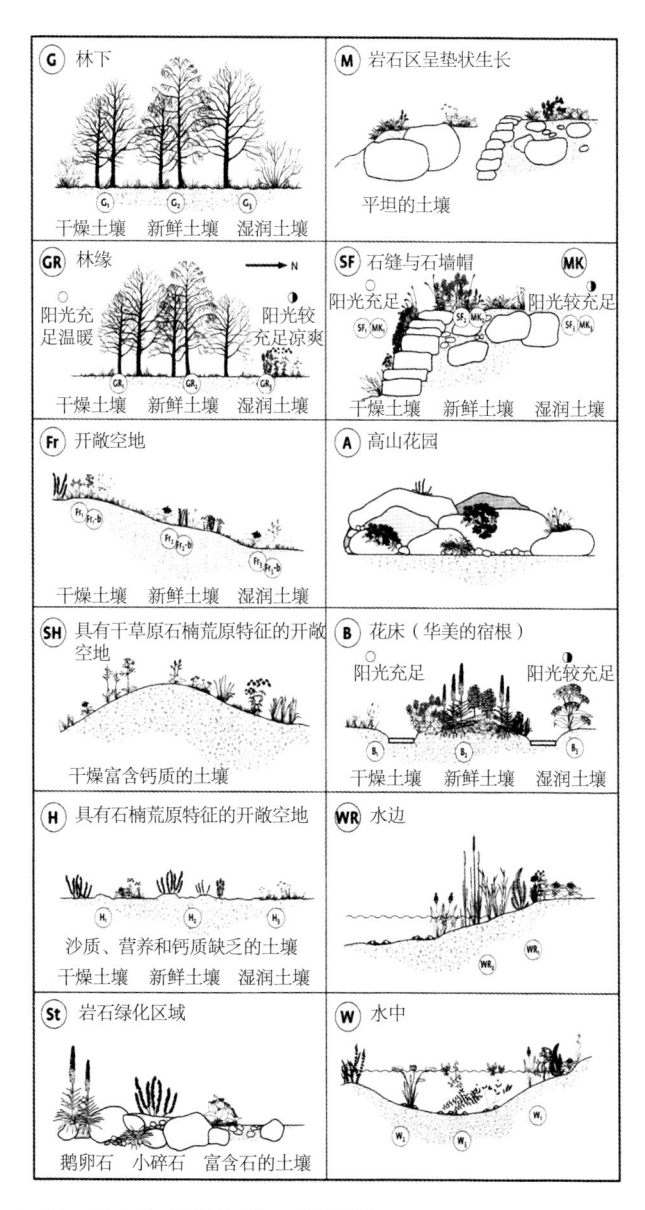

图 2-4　多年生草本的"生活范围"，图片来源：Norbert Kühn. op.cit, 2011: 102-107. 援引自 Die Stauden und ihre Lebensbereiche. Hansen, R., Stahl, F. 以及 Unser Garten. Band III. Seine Bunte Staudenwelt. Hansen, R., Stahl, F. 作者自行翻译改绘。其中"新鲜土壤"为直译，可理解为水分位于湿润土壤和干燥土壤之间的潮土。

泽地与水中"7大类，并根据土壤干湿状况划分小类，系统完成草本植物名录以便查询。该名录是在生态学理论与应用实验相结合的基础上得出的，汉森等人在慕尼黑韦恩施特芬设立的分选园便是研究的试验场。现在各苗圃提供的草本植物名录中，"生活范围"是重要的基础信息，也是各类植物种类描述中必不可少的一项内容。汉森通过自然之美（naturhafte Schönheit）的论点，平衡了生态和美学的争论，指出要抓住"场所的精神"来选取植物，使之不只是"生存"，而是"生活"其中，也就是在野生环境下，草本植物可以自我调节，且不失去自身的"魅力"[⊖]。

罗斯玛丽·外斯

罗斯玛丽·外斯除了拥有卡塞尔市内的多家私人花园的设计经验外，还因1981年卡塞尔联邦园林展中的卡塞尔谷（Kassele Aue）设计声名鹊起，实践论证了汉森1981年《宿根花卉及其在花园和绿地的生活范围》中的理论。而1983年慕尼黑国际花园展（即现在的西园）中，外斯首次有机会在公共绿地真实的条件下，尝试长期大面积粗放种植[⊜]。慕尼黑西园面积60 hm²，本为废弃地，被规划为近游憩绿地，由彼得·克卢斯卡（Peter Kluska）设计完成，而外斯则是首个在公共空间尝试干草原风格花园（Steppengarten）的种植设计师[⊜]。该花园包括一个以春夏植物为主的阳光宿根园，配合大面积的开敞地与半荫地以及一个岩石园和华丽的花坛。不规则的植物材料搭配，灵活的组团大小，被充分利用的观叶植物、高挺草本植物，设计师对比又统一地将植物按照色彩、结构、肌理等安排恰当（图2-5）。外斯在20世纪90年代依然身体力行对其中的植物进行养护管理，她提出需要在正确的时间对各个物种进行修剪、移除，养护的品质重于数量[⑳]。

⊖ Norbert Kühn. op. cit, 2011: 102-107. 援引自 Die Stauden und ihre Lebensbereiche. Hansen, R., Stahl, F. 以及 Unser Garten. Band III. Seine Bunte Staudenwelt. Hansen, R., Stahl, F。
⊜ Mascha Schacht. Gartengestaltung mit Stauden: Von Foerster bis New German Style [M]. Stuttgart: Verlag Eugen Ulmer, 2012: 76-81。
⊜ Piet Oudolf, Noël Kingsbury. Pflanzen-Design : neue Ideen für Ihren Garten [M]. Stuttgart: Verlag Eugen Ulmer, 2006: 43。
⑳ Mascha Schacht. op.cit, 2012: 172-176。

图 2-5　慕尼黑西园的干草原近自然种植，作者自摄，拍摄时间：2024 年 5 月 1 日

卡西安·施密特（Cassian Schmidt）

德国当代近自然种植的领军人物卡西安·施密特，最早因沃尔夫冈·欧梅接触北美草原式种植，后在慕尼黑学习，在彼得·拉兹（Peter Latz）的影响下，沿着风景发展的轨迹不断尝试探索植物应用。1998年施密特接替瓦尔泽负责赫尔曼霍夫分选园的养护管理工作，注重养护的科学性和有效性，提出通过养护带来植物群落的动态变化。他认为种植设计的主要标准在于自然特征，同时还有短期及长期的美学要求，其目标是形成一个尽可能自我保持的系统。施密特是混合种植（见第五章第十五节及附录）发展的关键人物，自 2000 年起，施密特在赫尔曼霍夫分选园中开拓了超过 40 个宿根种植的区域。他的研究以北美草原式种植最为突出，通过混合种植的方法，实现名为"万海姆北美草原式夏天"（'Weinheimer Präriesommer'）和"万海姆北美草原式清晨"（'Weinheimer Präriemorgen'）的植物组合，探索北美草原式种植在欧洲的本土应用㊀。

㊀　Mascha Schacht. op.cit, 2012: 172-176。

佩特拉·佩尔茨

佩尔茨是德国近自然种植单一种植应用的代表，师承新美国花园一派，即沃尔夫冈·欧梅。他们最初因马格德堡（Magdeburg）的项目而相识熟知，佩尔茨也坦言是欧梅唤起了她对于北美草原式种植的兴趣[⊖]。但佩尔茨在欧梅的设计风格上有所发展，她的设计并非欧梅式的大面积醒目种植，而是进行更为清晰的空间划分，利用宿根植物塑造不同空间，还很注重孤植[⊜]。佩尔茨在设计中勇于探索应用新的植物种类或品种，还时常去自然中观察植物，从而丰富设计灵感。佩尔茨除了在私人花园中崭露头角外，还将单一种植拓展至公共空间，在联邦园林展中表现活跃（图 2-6）。

图 2-6　2019 年海尔布隆联邦园林展佩特拉·佩尔茨的种植设计作品，作者自摄，拍摄时间：2019 年 7 月 30 日

⊖ Petra Pelz, Ulrich Timm. Faszination Weite: die modernen Gärten der Petra Pelz [M]. Stuttgart: Verlag Eugen Ulmer, 2013: 15-21。
⊜ Mascha Schacht. op. cit, 2012: 185。

第三节　美国：诗意模拟自然效果的新美国花园

笔者未曾涉足美国，因此对于美国的近自然种植了解有限，这里仅介绍对于种植设计贡献十分突出的新美国花园的代表人物**沃尔夫冈·欧梅**（Wolfgang Oehme，1930—2011），其他当代的近自然种植的实践者，诸如尼尔·迪波尔（Neil Diboll）、唐纳德·佩尔（Donald Pell）、拉里·威纳（Larry Weaner），以观赏草见长的约翰·格林利（John Greenlee）以及设计公司植物工作室（Phyto Studio）等，不做介绍。

新美国花园是一种花园风格，以来自德国的沃尔夫冈·欧梅和美国人詹姆斯·凡·施卫登（James van Sweden）为代表。他们的设计受到了詹斯·詹森（Jens Jensen）和卡尔·福斯特的影响，前者因与美国开创草原式住宅的建筑师弗兰克·劳埃德·赖特（Frank Lloyd Wright）合作而在美国开创北美草原设计风格；后者则是德国近自然种植的奠基人，是首位将观赏草应用于花园中的园艺学家，实现了秋冬季的观赏效果。他们的事务所 Oehme van Sweden 所引领的新美国花园主要采用大面积的单一种植，诗意地模拟自然、营造场所氛围。其植物材料种间关系相对简单，并不涉及复杂的生态学知识，但仍不失为一种实现多年生的近自然种植的探索。尽管并未刻意应用生态策略类型的理论，但单一种植能否持续也取决于所选植物本身的竞争策略或竞争—抗压策略，即可以通过该理论予以解读。他们主张采用本土植物，对北美草原式风格精准拿捏，青睐富有戏剧性、流动性且出人意料的设计[⊖]。Oehme van Sweden 的实践领域涵盖私家花园和公共空间，对包括佩特拉·佩尔茨在内的德国下一代植物设计师产生一定影响。

⊖ Wolfgang Oehme, James van Sweden. Die Neuen Romantischen Gärten [M]. München: Callwey, 1990: 27-51。

第四节　荷兰：皮特·奥多夫掀起的荷兰浪潮

"荷兰浪潮运动"的代表人物**皮特·奥多夫**（Piet Oudolf）是荷兰乃至全球著名的种植设计师，以多年生草本植物种植见长。最初他在拜访了英国植物种植先驱的花园与苗圃后，在霍美洛（Hummelo）将一座废弃的农场改造成了一个花园，除经营苗圃外，还培育了许多独特的多年生宿根品种。霍美洛也成为支持奥多夫花园设计实践的试验基地，曾几何时的开放日更是吸引了接踵而至的业余园丁和专业园丁。在参与了多次研讨会后，奥多夫扩展了自己的植物知识，结识了许多有识之士，建立了合作的基础，使得其相继得到了瑞典、荷兰、英国、美国、德国等地的花园设计委托。他不仅为城市开放空间设计种植方案，如芝加哥卢里花园（Lurie Garden）、纽约高线公园（High Line）、伦敦伊丽莎白女王奥林匹克公园（Queen Elizabeth Olympic Park），还包括如与瑞士建筑师彼得·卒姆托（Peter Zumthor）合作的于2011年开放的伦敦蛇形画廊的展览式临时花园、豪瑟沃斯当代艺术画廊（Hauser & Wirth Gallery）花园、德国维特拉园区（Vitra Campus）的奥多夫花园（Oudolf Garden）等在内的博物馆及美术馆的附属花园；他还为私人定制花园。奥多夫不仅作品遍及全球、享誉世界，更是著作等身：他相继出版了荷兰语、英语、德语著作数十本（参见第八章），在其他关于多年生草本植物种植的书籍中，奥多夫更是难以忽略的关键人物。此外，奥多夫的种植设计图本身也具有艺术价值，曾在2014年于萨默塞特（Somerset）豪瑟沃斯画廊进行展出。2017年，由美国电影制作人托马斯·派珀（Thomas Piper）拍摄的纪录片《五个季节：皮特·奥多夫的花园》（*Five Seasons: The Gardens of Piet Oudolf*）捕捉了奥多夫如何在纽约的高线公园和豪瑟沃斯画廊花园及霍美洛的植物组合设计中创造季相变化㊀。

㊀ Rosie Aktins. The Evolution of a Plantsman. in Piet Oudolf at Work [M]. London: Phaidon Press Limited, 2023: 245-252。

尽管上文梳理了对近自然种植有着突出贡献的先行者的成就，但因笔者的眼界、语言能力有限，必然一定程度上忽视了一些国家在近自然种植方面的探索，在此望各位读者予以理解。

第三章
场地精神的驻扎：拒绝单纯移植的自然与区分再野化

立场

近自然种植因其自然化甚至富有野趣的外表往往会令人忽视其内在的设计立场：尽管近自然种植设计是以自然为灵感，模拟其自然群落的应用，但除花园、花床设计外，场地本身及发生在其上的演替才是关键。坚持延续场地精神的态度也令其区别于强调"生态修复"的再野化。

第一节　拒绝第一自然的单纯移植：真实驻扎的过程是演替

风景园林设计通常以具体且典型的风景（或称为景观）作为自然原型或以地域性的园林作为设计原型，演绎符合地域特征的设计并在实践中总结理论。例如，"林"作为风景（或景观）的一种类型，其细分的自然原型可以是山毛榉落叶林，也可以是常绿的黑松针叶林，这就是以具体且典型的风景为自然原型，对近自然种植设计至关重要。然而，如何对自然原型进行表达，有不同的设计话语进行区分。

木兰围场作为"苑"与片石山房作为"园"，分属不同的设计原型，空间形式与氛围也有所区别，也就是说，"公园"是区别于"花园"的。下文将通过区分"公园"与"花园"的定义来明确近自然种植设计的立场。

根据德国自然花园协会（NaturGarten e.V）的定义：**自然花园（Naturgärten）**是人们按照个人品位设计并添加使用需求的花园，其最主要的特征是优先使用本地野生植物（einheimische Wildpflanzen），为本地动物提供食物和栖息地⊖（图 3-1）。

自然花园通常使用本土野生植物，包括但不局限于以下的内容。

1）枯木：枯木的选择取决于其安装的地点（阳光充足或阴冷、水分湿润或干燥）、种类（落叶树、针叶树、软木、硬木、树根、树干、树皮、细枝、果球等）及其安装方式（直立、卧倒、成堆等），从而吸引截然不同的受益者。有时，被伐掉的乔木可留下高 1 m 左右的树干，同样可以起到作为生物栖息地的作用。

⊖　Naturgarten e.V. Naturgarten [EB/OL].[2022-10-03]. https://naturgarten.org/wissen/was-ist-ein-naturgarten/。

图 3-1　位于德国勃兰登堡州特雷宾（Trebbin）市场（Markt）的自然花园，作者自摄，拍摄时间：2022 年 6 月 20 日

2）水体：水体大小并不重要，但是需要有渗透区域，能有效提高生物多样性。
3）石冢：为许多爬行动物、两栖动物和小型哺乳动物及昆虫提供了庇护所和冬眠的场所，同时也是许多生物享受日光浴的地点。
4）沙地：为野生蜜蜂提供了宝贵的筑巢地。
5）干石墙：由当地的天然石材或未受污染的回收材料打造，没有砂浆填缝，从而为许多动植物提供栖息地。

自然公园（Naturparke）与自然花园一字之差，虽为非法定的保护地，但面积较大，往往囊括隶属于德国法定保护地的**自然保护地**（Naturschutzgebiete）与**风景保护地**（Landschaftsschutzgebiete）。前者面积很小，注重对特定野生动植物的生活场所、群落生境或共生物种的保护、发展或修复；后者则以保护自然和风景为主，包括对特定野生动植物的生活场所和生活空间的保护⊖。

由此可见，尽管自然花园是以第一自然为愿景，但仍是"花园"，这也正是瑞士景观设计师迪特尔·基纳斯特（Dieter Kienast）指出的"自然花园"的问题：城市中的环境并非真正适合看似自然的生物群落生存⊖。因此，自然花园只是移植的自然，并非注重文化景观的保护地 —— 自然公园，亦非关注场地本身的**风景公园**（Landschaftsparke）⊖。

其中的区别，可以"后工业景观（post-industrial landscape）"为例进行解读。后工业景观场地作为"新荒野"，达到一定的要求，是可以作为**自然保护地**或**风景保护地**被法治保护的；而新荒野的价值也明确了基于其上的后工业景观并非"花园"属性的开放空间。因此，后工业景观

⊖ Bundesnaturschutzgesetz [EB/OL]. [2019-05-13]. https://www.gesetze-im-internet.de/bnatschg_2009/BNatSchG.pdf。
⊖ Anette Freytag. Dieter Kienast and the topological and phenomenological dimension of landscape architecture. In: Thinking the Contemporary Landscape[M]. New York: Princeton Architectural Press, 2017: 229-245。
⊖ 风景公园并不是法定的保护地种类。关于德国的保护地可参见笔者撰写的《德国保护地体系评述》一文。

往往以"自然—公园（Natur Parke）"⊖或"风景公园"（如著名的北杜伊斯堡风景公园）的形式呈现。关注荒地植物的种植概念绝非单纯应用野生植物，而是要体现场地价值，这种场所精神的驻扎正是其区别于自然花园的本质，尽管它们呈现的形式十分类似。这也是近自然种植表达的立场：**真实地驻扎场地而非单纯移植自然组成与构图**。驻扎场地的过程是演替：一些能够应对极端环境的先锋树种可以迅速立足、蔓延并改变原始场地的特征，从而令其他不太能够适应极端条件的树种也能在此定居。演替过程持续进行，时间较长。图 3-2 中的德国柏林舍嫩贝格苏德格兰德自然公园（Natur Park Schöneberger Südgelände）便是典型的代表后工业景观的自然公园。

该自然公园内有大约 2/3 的开阔区域原本为休耕地，但现在已经被树林覆盖，白桦和刺槐为主要树种，在铁路路堤沿线养分更丰富的地方还生长着梣叶槭、挪威槭和欧亚槭，许多地方铁线莲爬上了刺槐。

公园内还发现了 2 种山柳菊属植物（*Hieracium cymosiforme* 和 *Hieracium maculatum*），是柏林和勃兰登堡州的濒危植物，另外，还包括 2 种大戟属植物（*Euphorbia esula* 和 *Euphorbia virgata*）和鼠韭（*Allium angulosum*）。更值得一提的是南部出现的犬蔷薇（*Rosa canina*）和其他稀有的种类（*Rosa obtusifolia*、*Rosa villosa* 和 *Rosa rubiginosa*）。

此外，一些经济物种的种子随货运抵达此处，还加植了桑树和苹果树等。而典型的车站植物是一种原产于北美洲的月见草（*Oenothera biennis*）。

该自然公园内的群落生境以半干草地和沙质干草地为主，为动植物提供了难能可贵的栖息地。⊖

⊖ 此"自然—公园"的写法是为了区别于保护地类型中的自然公园，如德国柏林舍嫩贝格苏德格兰德自然公园是法定的"自然保护地"和"风景保护地"，但并不是大尺度的"自然公园"。
⊖ 文字出处：现场信息标示牌。

图 3-2　德国柏林舍嫩贝格苏德格兰德自然公园，作者自摄，拍摄时间：2015 年 11 月 8 日

第二节　呼吁第四自然的提炼与升华：自生植物的应用并非再野化

上文中涉及的"后工业景观"之所以可以被称为"新荒野"是因为相对于"旧荒野"，它对接第四自然而非第一自然，人们对其进行的是人为的提炼与升华。而新荒野中的荒地植物，正是"后工业景观"中场所精神的体现，从而区别于"自然花园"。下文将以"后工业景观"为主体，理清野外（the wild/the wilds）、城市中具有野性品质的空间（urban wildness）、荒野（wilderness）、新/旧荒野（new/old wilderness）与城市自然（city nature）及再野化（rewilding）的关系，指出近自然种植发展的新方向——自生植物的应用。

首先，明确**荒野**的含义。the wild 被翻译为"野外"，是指不被人控制的自然环境①，而 the wilds 则抓住其远离城镇的区位特征②，译为"野外"仍不失真。"荒野（wilderness）"则是指大片因难以居住而未经开发或种植庄稼的土地，或无人管理的地方③，the wild 强调抽象的环境，wilderness 强调"地方"，更加具体。Vance G. Martin 等指出城市（化）与"荒野"之间的矛盾属性，采用 urban wildness 优化措辞（将 urban wildness 翻译为"城市野境"，以对应其城市内空间的描述）④。此外，德国环境协助协会关于"城市与荒野关系"的英文版报告⑤中也用 urban wildness 取代 urban wilderness，从而区别真正的

---

① 牛津字典解释 the wild: a natural environment that is not controlled by people。
② 牛津字典解释 the wilds: areas of a country far from towns or cities, where few people live。
③ 牛津字典解释 wilderness: 1. a large area of land that has never been developed or used for growing crops because it is difficult to live there; 2. a place that people do not take care of or control。
④ Vance G. Martin et al. Urban Wildness: a more correct term than "Urban Wilderness" in Landscape Architecture Frontiers 2021. Vol.9: 80-91。
⑤ Deutsche Umwelthilfe. e.V. A new relationship between city and wilderness. A case for wilder urban nature [EB/OL]. https://www.duh.de/fileadmin/user_upload/download/Projektinformation/Kommunaler_Umweltschutz/Wild_Cities/A-case-for-wilder-urban-nature.pdf [2022.10.02]。

荒野。因此，本书将 wildness 理解为"野性"，强调其自然的状态或品质[一]，以区别于"荒野"，而 urban wildness 则指城市中具有野性品质的空间。除此之外，避免使用"荒原"一词，因其已在被接纳的翻译中特指某类风景类型，例如"石楠荒原""荒原"在德文原文中分别为 Heide（石楠或石楠荒原）和 Steppe（干草地）。

其次，区别**再野化**（rewilding）。在 Kowarik 提出的四类自然中，第一自然，即原始的自然风景的残余，又被称为旧荒野（old wilderness）；也是上文所指的真正的荒野（wilderness）。而第四自然为新荒野（new wilderness），是指城市工业（化）的自然（urban-industrial nature）[二]。这种城市工业（化）的自然局限在城市空间中，在原有建造或密集使用的城市工业化用地上自发修复，却往往被非本土植物甚至先锋物种占据，通常不被认为具备场所的特点。因此，"后工业景观"可以理解为建立在具有野性品质的新荒野之上的一种综合各类自然（包括第二自然，以农畜生产为代表的文化景观；第三自然，花园设计的自然）的表达，是一种场地已发生演替的延续，是实现"城市自然（city nature）"这一政策的有效途径，区别于旨在"生态修复"而采取的再野化手段[三]。

最后，**自生植物**（spontaneous vegetation），作为荒地植物（ruderal vegetation），它是"后工业景观"场地场所精神的体现。自生植物是指未经有目的的园艺介入而生长的植物，它们生于自然的自我修复，因

[一] 牛津字典解释 wildness: the quality in scenery or land of being in its natural state and not changed by people。
[二] Ingo Kowarik. Stadtnatur in der Dynamik der Großstadt Berlin. In: Denkanstöße. Stadtlandschaft – die Kulturlandschaft von Morgen? Stiftung Natur und Umwelt Rheinland-Pfalz, Heft 9/2012: 18-24。
[三] Rewilding is the large-scale restoration of ecosystems where nature can take care of itself. It seeks to reinstate natural processes and, where appropriate, missing species – allowing them to shape the landscape and the habitats within. 援引自 Rewilding Britain. [EB/OL] https://www.rewildingbritain.org.uk/why-rewild/benefits-of-rewilding/why-we-need-rewilding [2024.04.21]。

此低成本、低养护，能够适应场地条件，具备独特且真实的特征[1]。自生植物可以萌发于铺装缝隙、墙体、屋顶等人工环境，也可以出现在草地、草坪、荒地以及树林中。荒地植物的定义更强调其生长环境为"人为严重改变和/或干扰的地点"[2][3]。因此，机场、铁路等工业废弃地或使用率低、养护差的开放空间都可成为荒地植物的领地。而在自然自我修复过程中占据自然领地的荒地植物，恰恰是新荒野的"后工业景观"场地野性品质的重要体现。荒地植物独特且真实，承载了场所精神。

由于缺乏通常意义上的装饰效果，自生植物群落往往被忽视。最初，自生植物的应用立场基于场地存在的真实性，典型案例如"后工业景观"的营造。在 1999 年马格德堡联邦园林展中，沃尔夫拉姆·库尼克（Wolfram Kunick）将自生植物与美学概念相结合，称之为"野生多年生草本草地（Wildstaudenwiesen）"[4]。柏林工业大学的诺伯特·库恩继而对其展开研究。

自生植物的应用需要注意以下 4 点。

1）尽管先锋树种和草本植物能快速实现绿化效果，但是接下来漫长的演替过程则因场地的不同而千差万别，很难预见。因此自生植物的应用不仅要掌握基于植物社会学的生态学知识（如根据植物生活型以及高矮、密植程度等指标结合物种名录列表归档），还需要对种植的场地进行精确分析（确定场所或其周边出现的自生植物的种类，观察潜在发展

---

[1] Norbert Kühn. (2018): Interagire con la natura urbana. Come la vegetazione spontanea migliora gli spazi verdi postmoderni / Interacting with urban nature. How spontaneous vegetation enhances postmodern greenspaces. In: Prati urbani / City meadows. Franco Pancini (Ed.). Fondazione Benetton Studi Ricerche. Treviso, Antiga Edizioni 18, 130-158。

[2] D. Brandes. (1985): Die Ruderalvegetation im östlichen Niedersachsen: Syntaxonomische Gliederung, Verbreitung und Lebensbedingungen. - Habilitationsschr. Naturwiss. Fak. TU Braunschweig. VI, 292 S. Tab.Anh。

[3] D. Brandes. & D. Griese (1991): Siedlungs- und Ruderalvegetation von Niedersachsen. Eine kritische übersicht. - Braunschweig. 173 S. (Braunschweiger Geobotanische Arbeiten, 1.)。

[4] Norbert Kühn. Staudenverwendung [M]. Stuttgart: Verlag Eugen Ulmer, 2011, 2024: 303。

线索等）⊖。

2）在应用时需要思考从过去到现在植物发展的轨迹，探索未来可能选用的种类，这不仅是出于对生态学价值和场所纪念性意义的考虑，还是确保美学品质的前提，即在给定场地条件下形成稳定的植物群落⊖。

3）为弥补色彩匮乏、发展缓慢的遗憾，大面积种植、选取可与竞争力强的高型多年生草本植物共生的品种，有节制地引入大叶植物或肌理细腻的外来种，补充其他花期的植物等手段均可以实现符合设计意图的自生植物设计⊖。

4）虽倡导自生植物为非园艺品种以及低成本养护，但养护的确是十分关键的，要确保设计的场景能持续呈现其应具备的品质⊖。

综上所述，自然花园单纯移植自然的初衷是与本书中提倡的近自然种植相违背的，而自生植物的应用则体现了在极端自然条件下，近自然种植的探索与实践，与再野化也是截然不同的。

⊖ Norbert Kühn. op.cit, 2011，2024: 309-312。
⊖ Norbert Kühn. ibid, 2011，2024: 303。

理法

第四章
以自然为师：
近自然种植设计的原理与方法

本章在表明了近自然种植设计立场的基础上，介绍近自然种植设计的原理与方法。首先阐述了理论：植物生态策略类型理论的发展。其次介绍了近自然种植设计的方法：在自然力一端，以区分草坪、草甸（及草地）为切入点，明确自然原型的具体要求；在人工力一端，补充近自然种植在美学加持的设计过程中易被忽视的一些重点。最后，简要概述了近自然种植的实施与养护的基本要求。

第一节　从格里姆到库恩：生态策略类型理论在应用中的发展

约翰·菲利普·格里姆将植物的生态策略类型分为三大类：①**耐压策略**（stress-tolerators，S-策略），通过不同的适应策略（如拟态、脱水保护等）应对特殊情况，忍受压力从而得以生存，突出"**忍**"；②**先锋策略**（ruderals，R-策略），特定适应策略以应对多种干扰（如踩踏、修剪等），往往通过短周期生命实现，突出"**快**"；③**竞争策略**（competitors，C-策略），生长迅速，竞争力强，通常能够快速产生大量的生物量，突出"**争**"⊖（图 4-1）。这 3 种生态策略类型是基于理论研究的理想状态得出的，也是近自然种植的科学基础。

在此原型基础上还衍生出了 4 种新类型：**C-R 策略类型的植物**，不出现缺乏症状，但屈服于特定的干扰，往往是一二年生草本植物；**S-R 策略类型的植物**，适应于被干扰且非高生物量的场所，多为一年生草本植物、短生命周期的多年生草本植物和球根植物；**C-S 策略类型的植物**，具备中度生物量并呈现极低的抗干扰能力；而 **C-S-R 策略类型的植物**则能够耐受中等压力和干扰（图 4-2）⊖。

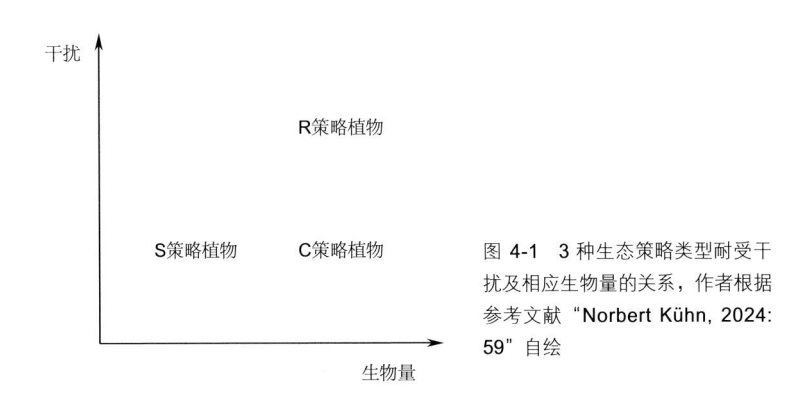

图 4-1　3 种生态策略类型耐受干扰及相应生物量的关系，作者根据参考文献"Norbert Kühn, 2024: 59"自绘

⊖ Norbert Kühn. op. cit, 2011: 65-68。
⊖ Norbert Kühn. ibid, 2011: 69-97。

此外，格里姆还将生态策略类型与植物生活型⊖相对应（图 4-3）；而卡西安·施密特又将生态策略类型与植物的"生活范围"相对应（图 4-4），归纳了相应的养护措施。

图 4-2　CSR 模型，作者根据格里姆的生态策略类型图示改绘，援引自"Norbert Kühn, 2024: 60"

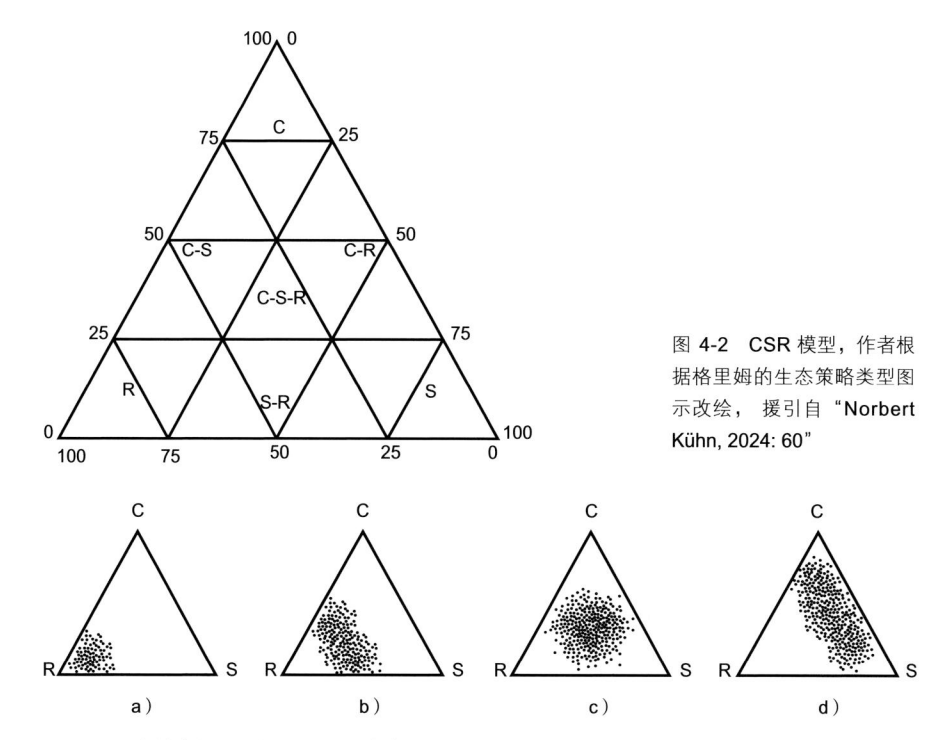

图 4-3　生态策略类型与植物生活型：作者根据格里姆的生态策略类型图示改绘，援引自 Norbert Kühn, 2024: 60
a）一年生草本　b）二年生草本　c）多年生草本　d）木本植物

⊖ 植物的生活型是按照 Christen Raunkiær 主张的植物新芽出现的位置来确定的：其中高位芽植物（Phanerophyt）是指新芽位于 30 cm 以上，无须保护的高大植物，主要指乔木、灌木、木质藤本植物等。而新芽位于覆雪层附近（高度不超 30 cm）的植物被称为 Chamaephyt，通常是矮灌木或半灌木。新芽位于落叶层附近（地表层）的植物被称为 Hemikryptophyt，往往指宿根植物，或二年生及以上的草本植物。新芽位于土壤中的植物，被称为 Geophyt，也就是我们所说的球根、球茎、块茎植物或多肉植物。最后则是只有种子在土壤中负责繁衍的短命植物，被称为 Therophyt。

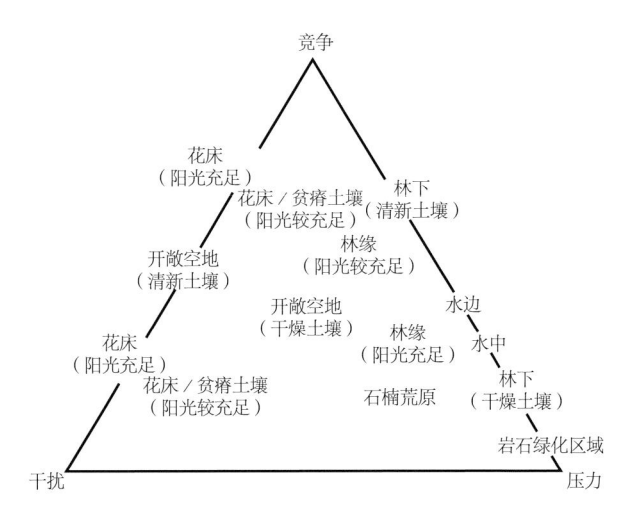

图 4-4 生态策略类型与植物的"生活范围",作者根据参考文献"Norbert Kühn, 2024: 61"改绘

三角形顶点：竞争、干扰、压力

植物位置标注：
- 花床（阳光充足）
- 花床/贫瘠土壤（阳光较充足）
- 林下（清新土壤）
- 开敞空地（清新土壤）
- 林缘（阳光较充足）
- 花床（阳光充足）
- 开敞空地（干燥土壤）
- 林缘（阳光较充足）
- 水边
- 水中
- 花床/贫瘠土壤（阳光较充足）
- 石楠荒原
- 林下（干燥土壤）
- 岩石绿化区域

由于格里姆的生态策略类型并没有明确各类压力（如干旱、阴影、高湿度等）的类型，为了使其得以有效应用，诺伯特·库恩将其进行了细化拓展，分成了 8 个大类型、29 个小类型[⊖]（表 4-1）。

1）保守生长的策略：指植物持续缓慢地生长，从而适应极端环境带来的压力；但由于自身竞争力弱，要确保没有与之竞争光、空间和养分的物种共生。

2）适度应对压力的策略：植物调整自身以应对诸如光、水、养分的问题，如减小自身尺寸、缩短生命周期、生长与环境相适应的叶片等。

3）避免压力的策略：选择在有益时节完成展叶、开花、结果等生理过程，随后不可见或不再生长，诸如早春开花的植物等。

4）占领领地的策略：主要指高型宿根花卉，它们往往具有长生命周期，抢占资源，排挤其他植物。

5）覆盖领地的策略：低矮、覆盖土壤形成地被层，同样具有长生命周期，通常生长于林缘。

6）扩展领地的策略：能够迅速地向领地外蔓延。

7）草甸植物。

8）填补空缺的策略：多指一二年生植物，也包括部分短生命周期的宿

⊖ Norbert Kühn. op. cit, 2011: 69-97。

根花卉，通过大量繁衍种子得以延续。

其中第 1、2、3 类属于耐压策略；4、5、6 类为竞争策略；7 主要为 C-S-R 策略类型；8 则为先锋策略。

表 4-1　植物生态策略类型在种植应用中的分类⊖

策略类型 （大类）	策略类型（小类）	植物范例（拉丁名）	植物范例 （中文名）
保守生长 的策略	匍匐类宿根花卉和地被灌木	Linaria alpina	高山柳穿鱼
	匍匐类垫状植物与莲座状叶丛植物	Phlox subulata	丛生福禄考
	矮种灌丛	Lavandula angustifolia	薰衣草
适度应对压 力的策略	耐阴的短生命周期植物	Aquilegia	耧斗菜属
	耐阴大叶片的森林宿根花卉	Athyrium filix-femina	蹄盖蕨
	耐阴耐旱的森林宿根花卉	Luzula pilosa	疏毛地杨梅
	森林边缘和开敞地有压力的直立生长类植物	Salvia nemorosa	林荫鼠尾草
	开敞地无性繁殖宿根花卉	Stachys byzantina	绵毛水苏
避免压力 的策略	春季开花的阔叶林球根花卉	Anemone blanda	希腊银莲花
	早花的森林直立生长类宿根植物	Hepatica nobilis	欧獐耳细辛
	早花的开敞地球根花卉	Tulipa kaufmanniana	睡莲郁金香
	秋季开花的开敞地球根花卉	Sternbergia lutea	黄韭兰
占领领地 的策略	早夏开花，高型宿根花卉	Delphinium	翠雀属
	夏季开花，高型宿根花卉	Rudbeckia fulgida	全缘金光菊
	夏季开花，中等高型宿根花卉	Helenium autumnale	堆心菊
	晚夏开花，滞后高型宿根花卉	Miscanthus sinensis	芒
覆盖领地 的策略	具有向外生长嫩枝的直立生长类宿根花卉	Geranium sanguineum	血红老鹳草
	冬绿、常绿的低矮地被	Pachysandra terminalis	顶花板凳果
	夏绿的低矮地被	Euphorbia cyparissias	柏大戟
扩展领地 的策略	地表蔓延的低矮植物	Ajuga reptans	匍匐筋骨草
	通过匍匐茎长远蔓延的低矮植物	Lamium galeobdolon	花叶野芝麻
	地下蔓延的直立生长类宿根花卉	Lysimachia clethroides	矮桃
	地下长远蔓延的高型宿根花卉	Securigera varia	小冠花
草甸植物	草甸类型植物	Anthriscus sylvestris	峨参
	草甸球根花卉	Narcissus poeticus	红口水仙
	秋季开花的草甸球根花卉	Colchicum autumnale	秋水仙
填补空缺 的策略	一年生植物	Erigeron annuus	一年蓬
	单次开花的宿根花卉/二年生植物	Digitalis purpurea	毛地黄
	高繁殖率的短生命周期宿根花卉	Gaura lindheimeri	山桃草

⊖　作者根据参考文献"Norbert Kühn, 2011"自行整理。

第二节　熟悉自然原型：区分草坪与草甸（草地）

自然原型，不仅指森林、草原等宏观的景观类型，也不局限于如华北、川南等广阔的地域范围或林缘、林下、林间空地等模糊的空间位置，而是标明了具体属性的群落生境（biotop）。例如"沼泽"作为一种景观类型，称为自然原型过于笼统，狭义的沼泽（moor）可以分为"酸沼（bog）"（其典型植物为水藓）和"碱沼（fen）"，二者特点为存在大量的泥炭。而广义的沼泽（mire）还包括草沼（marsh）和树沼（swamp）：前者以薹草、莎草、灯芯草为优势植物，一般未被淹没，时干时湿，土壤保持水浸状态，没有泥炭；后者则以木本植物为主。此外，还可以分为高位沼泽（通常为贫养沼泽）、低位沼泽（通常为富养沼泽）等，它们的优势种均不相同，pH 值也有很大差异。因此，在了解自然原型的时候，需要进一步了解相关的科学知识。理解了自然原型的所指后，下文将以当代种植设计中最为常见的草坪、草甸为例，解读设计师应该如何了解自然原型。

草坪（Rasen，lawn）是由生长茂密的草组成的植物覆盖物，通过定期的修剪来保持适合行走或停留的园林景观要素。根据德国的标准（DIN18917），草坪可以根据功能分为观赏草坪、实用草坪、耐磨草坪（运动草坪）和景观草坪 4 类。针对不同功能，行业标准也建议了包含如游戏草坪、高尔夫草坪、粗放式管理的屋顶绿化、干旱或湿润土壤、耐阴等多种草种的配比⊖。这里需要指出的是，除了本土常见的草种外，还可以以混合一定的草本植物作为点缀，如图 4-5 为慕尼黑工业大学加兴校区（Technische Universität München Garching）开放空间的缀花草坪。常见草种及配合的草本植物见附表 A。

草甸（Wiese，meadow）不需要如草坪般时常修剪，通常 1~3 次/年的养护即可，这种粗放的养护使草甸本身受到较小程度的干扰，从而为小

⊖ Wolfgang Borchardt. Pflanzenverwendung im Garten- und Landschaftsbau [M]. Stuttgart: Verlag Eugen Ulmer, 1997: 182-196。

图 4-5　德国慕尼黑工业大学加兴校区开放空间的缀花草坪，作者自摄，拍摄时间：2011 年 7 月 4 日

动物、昆虫等提供了理想的栖息地。同时，季节性交替的优势物种为草甸提供了特殊的动态视觉效果。然而，由于无法在草甸上活动、行走而满足功能需求，幼苗旺盛的传播更是与精心照料的花坛等格格不入[1]，因此，可以说草甸就是粗放管理的草坪，以修剪频率区分二者，草坪体现精致的园艺养护，而草甸更加突出其多彩自然的样貌，图 4-6 展示了草坪和草甸相结合的效果。

草甸取代草坪，一定程度上解放了繁重的养护管理工作，同时也提高了生物多样性，因此是十分值得提倡的。草甸主要应用于以下 5 种区域[1]。

---

[1] Wolfgang Borchardt, op.cit，1997: 182-196。

图 4-6 瑞士苏黎世郊区的草坪与草甸，作者自摄，拍摄时间：2011 年 6 月 28 日

1）大的、粗放实用的区域或管理的区域，比如停车草甸、交通绿化及景观草坪等。
2）大型住宅花园中远离建筑的区域。
3）草坪的边缘，尤其是在树团的周围。
4）干燥的地方，这里的草生长高度和密度都比较低，因此条件更有利于草甸的生长。
5）干燥的地方或水岸边的过渡区域。

通过区分草坪与草甸，我们可以看出，前者是园林中主要的应用形式，后者则更为自然。各种各样的草甸是以各异的、属性具体的**群落生境**为自然原型的：比如**贫瘠草地**、**丰润草甸**是以营养物质的多寡区分的；**干草地**、**半干草地**、**新鲜草甸**、**湿草甸**等是按照土壤的干湿程度来划分的⊖，另外还包括**先锋草甸**、**花草甸**等是以组成草甸的植物性质来划分的。

下文以柏林为例，介绍该区域内的新鲜草甸与湿草甸。

新鲜草甸位于阳光从充足到半荫、土壤营养丰富的位置。定期管理且未施肥的新鲜草甸是物种最丰富的草原群落生境之一。特色植物种类包括紫羊茅（*Festuca rubra*）、散生风铃草（*Campanula patula*），滨菊（*Leucanthemum ircutianum*）、白花拉拉藤（*Galium album*）和田野孀草（*Knautia arvensis*）。柏林很少有物种丰富的新鲜草地。更常见的是荒野（ruderale）草甸，其中除了典型的新鲜草甸物种外，主要是外来的植物，例如无芒雀麦（*Bromus inermis*）、团扇荠（*Berteroa incana*）或北艾（*Artemisia vulgaris*）（具体名录见附表 B）。如有必要，可能需要对游客进行引导，以防游客进入未修剪的草甸。新鲜草甸在私人花园、公园和墓地使用广泛。即使在道路中间的分割绿带上，在功能允许的情况下，也可以将装饰性草坪（Zierrasen）开发成新鲜草甸。物种贫乏的农业地区也可以转变为新鲜草甸，例如作为部分用地开发的补偿和替代措施。新鲜草甸的播种密度不应超过 4 g/m²。每年 6~7 月和 9~10 月进行两次割草，以促进生长。一般情况下，应清除草屑，避免施肥，灌溉仅在发芽和生长期才有意义⊖。

湿草甸通常包含许多濒临灭绝的植物物种，是植物资源最丰富的群落生境之一。湿草甸的特色植物物种有天蓝麦氏草（*Molinia caerulea*）、后厨蓟（*Cirsium oleraceum*）、草甸碎米荠（*Cardamine pratensis*）、紫萼路边青（*Geum rivale*）和杜鹃剪秋罗（*Silene flos-cuculi*）（具体

⊖ 尽管干草地（Trockenrasen）、半干草地（Halbtrockenrasen）、贫瘠草地（Magerrasen）等的德文原词为 Rasen，即草坪，但此处为了区别精细与粗放养护，翻译为草地。

⊖ Senatsverwaltung für Stadtentwicklung und Umwelt, Der Landesbeauftragt für Naturschutz und Landschaftspflege Berlin. Pflanzen für Berlin: Verwendung gebietseigener Herkünfte. 2013. [EB/OL] https://www.agrar.hu-berlin.de/de/institut/departments/daoe/bk/forschung/klimagaerten/weiterfuehrende-materialien-1/2013_pflanzen-fuer-berlin.pdf: 25-28. [2024.04.21]。

名录见附表 C）。在室外地区播种和发展湿草甸在一些情况下很有效果，例如作为对靠近海岸地区的干预措施或湿地再自然化的部分补偿措施。一般情况下，应始终考虑该区域是否能自生具有花卉和自然保护价值的植被。若有，则应避免播种。播种湿草甸还可用于绿化新开发区的雨水渗池。为此，可使用来自交替潮湿地区的物种，如千屈菜（*Lythrum salicaria*）、沼生水苏（*Stachys palustris*）和圆叶过路黄（*Lysimachia nummularia*）等都非常有用。湿草甸的播种密度为 2~3 g/m^2，维护和保护方面需要定期割草。天蓝麦氏草草甸每年需要至少修剪一次（9 月或 10 月）。对于营养丰富的湿草甸，每年需要修剪两次（6 月和 9 月），否则高大的草本植物会蔓延，挤掉竞争力较弱的濒危草甸物种。如果有鸟类在地面筑巢，第一次除草应推迟到 7 月或 8 月，同时考虑到鸟类的繁殖成功率。为了无脊椎动物顺利越冬，建议留出更宽的边缘，甚至分段留出部分区域⊖。

⊖ Senatsverwaltung für Stadtentwicklung und Umwelt, Der Landesbeauftragt für Naturschutz und Landschaftspflege Berlin. Pflanzen für Berlin: Verwendung gebietseigener Herkünfte. 2013. [EB/OL] https://www.agrar.hu-berlin.de/de/institut/departments/daoe/bk/forschung/klimagaerten/weiterfuehrende-materialien-1/2013_pflanzen-fuer-berlin.pdf: 25-28. [2024.04.21]。

第三节　美学的加持：近自然种植的设计与试验

捕捉到自然原型给予的灵感后，设计师将其中美学价值较高的物种的比重加大，重新组合（是按照自然群落的规律组合还是创新组合，取决于设计师的主张），应用于不同概念中，完成设计。在实施前，需要人为地将不同物种进行组合，通过试验调整植物的配比（例如分选园最初的建设目标就是植物组合的试验），使它们能和谐地生长在一起。

试验是理想状态下的预习，可以通过科学研究，找到最为适合不同场地情况的植物组合与配比，这些往往可以在植物园、苗圃等机构中操作。当然，我们也可以将每一次设计项目实践当作是具体小环境下的试验。

我们可以将种植设计的过程理解为在了解自然原型的基础上进行美学加持的过程：**这种美学的加持不仅是植物的野生或园艺品种的组合与对比，更是利用一个人为的且符合基本美学规律的系统来整合其中的植物**。图 4-7 展示了苏黎世联邦理工大学为鸟类、昆虫等共同打造的一片草甸，区别于图 4-6，这片草甸的形式是符合周围环境空间构图的，也

图 4-7　瑞士苏黎世联邦理工大学中的草甸，作者自摄，拍摄时间：2011 年 6 月 26 日

就是被人为设定系统整合的。当然这个平衡自然与美学的做法是逐步发展形成的：从最初刻意展示本土自然物种，到艺术性地对城市内开放空间进行建设，最终通过二者的平衡而得以和解㊀。

本书不想重复设计初步中涉及的大小（图 4-8）、结构㊁（图 4-9）、色彩（图 4-10）、肌理（图 4-11）、韵律（图 4-12）、变化与统一、对比与和谐等"老生常谈"，也不想赘述观花观果观叶观干、适地适树、林缘线与林冠线、乔灌草搭配等种植设计的"金科玉律"，而是想强调一些重要但却容易被忽略的方面。

首先，概念设计。种植设计同样需要概念设计，是方案设计概念的具体表达。不论是自然原型的再现、空间及其氛围的塑造，还是植物的构

图 4-8　植物体量、叶片大小、叶片肌理的对比：瑞士苏黎世植物园路侧种植，作者自摄，拍摄时间：2011 年 6 月 29 日

㊀　Norbert Kühn. op. cit, 2011, 2024: 238-240。
㊁　结构不同于花序（如伞形花序、伞房花序等）或果序（花序在果期内，称为果序），也不同于植物的外形形状（habit, Habitus, 如毯状等），是指植物的分支特点，及幼芽或小枝的框架特征。

图 4-9　植物的结构：英国皇家园艺学会布里奇沃特花园（RHS Garden Bridgewater），作者自摄，拍摄时间：2024年9月15日

图 4-11　植物叶片肌理的和谐统一：德国哥廷根植物园林间种植，作者自摄，拍摄时间：2013年6月25日

图 4-10　植物花色的对比：德国波茨坦，卡尔·福斯特花园（Karl Forster Garten），作者自摄，拍摄时间：2019年10月26日

图 4-12　植物的韵律组合：奥地利维也纳经济大学（Wirtschaftsuniversität Wien）路侧种植，作者自摄，拍摄时间：2018 年 7 月 30 日

图、组合或文化表达，都应该与方案设计紧密相连。

其次，空间设计。不仅要用植物这一材料表达设计概念，呼应设计手法，还要能够充分利用场地的潜力，并且切实地解决空间的问题、组织空间的秩序。

再次，群落单元。以群落为单元进行设计，配比不同生态策略类型的植物，实现群落的动态演替。在选择和配比植物材料的过程中，不仅是为单株植物或单一植物的生长，而是调和群落中不同植物的关系以及它们与环境的关系。

最后，植物调试。根据具体场地（可以是试验场地，也可以是实际项目的场地）的特征，评价并删选、调试、更新物种或品种，这是一个长期的过程，实际项目在竣工后仍需持续投入，适量加入其他物种或品种以丰富设计的观赏性。值得注意的是，这并非一个线性的过程，需要反复推敲、多次往复。

第四节 确保持久生命力的关键：近自然种植的实施与养护

1. 种植准备与播种和栽植

种植准备首先要做的是土壤处理。在现有土壤上种植需要完全去除所有的生长物、草皮（或将其翻转并使其在冬季结冰）以及杂草根部的残余。土壤需要深层松土，细致地平整场地，如有必要需在种植前再次松土，在施工过程中避免重型机械施工通道靠近种植区域，以防土壤板结。在松动土壤后的几周，会有一定程度的土壤沉降，这可以恢复土壤中的毛细结构，从一开始就为植物提供更好的供水[一]。

就多年生草本植物而言，若现有土壤中的杂草根部难以清除，则应更换 30~40 cm 深的客土[二]，或在一段时间内用铂纸或织物覆盖一至两年，使杂草因无法接受光照而死亡。对于一些无法持续防止杂草的场地，则应避免进行多年生的种植。新的播种场地，通常需要休耕数月，通过播种合适的绿肥作物[三]来防治杂草的生长，但需要在种子成熟前将其割掉，以防止它们日后大量出现。

就花床的土质而言，对于黏性很强的土壤，可以掺入矿物质，如 2~8 mm 粒径、10 cm 厚的渗水层；而对于非常沙质的土壤，则应掺入黏土从而提高保水性和养分交换的能力。位于建筑阴面且无木本植物的多年生种植，还应加入腐殖质。

播种和栽植是两种不同的种植应用类型，第五章将更详细地阐述这点。这里需要强调的是，不论是需要依照图纸施工的栽植，还是无须图纸的

- [一] Jürgen Bouillon. Handbuch der Staudenverwendung [M]. Stuttgart: Verlag Eugen Ulmer, 2013: 160-161。
- [二] 根据德国风景发展与建设研究学会（Forschungsgesellschaft Landschaftsentwicklung Landschaftsbau e.V.）的规定，硬质铺装中种植的乔木，需要客土 12 m³/株；草坪中的乔木，需客土 6 m³/株。
- [三] 绿肥作物是提供作物肥源和培肥土壤的作用。

混合栽植及播种，都需要在最初确定种植密度。为成熟植株预留所需的空间，种植初期植株间势必会有很大的空隙，切不可一味地加大种植密度，而需要用一二年生的植物填空补缺，待多年生植物成熟，它们也将逝去，腾出空间。

2. 养护策略与养护标准

种植设计基于特定的设计理念，对于各个物种的数量、体量、秩序以及整体的潜在发展想法等都有一定的要求。因此，种植的条件是否变化以及在何种程度上是可以容忍的，必须针对每种植物单独作答，从而确定整体的养护方案。而养护就是帮助植物在自然演替等竞争中存活，因此养护可以看作是对设计的矫正或调整。

养护策略根据养护对象的性质进行确定，需匹配技能娴熟的养护专业人员，主要分为**静态养护**及**动态养护**两类。前者主要用于比较传统的种植或文物保护管理要求较高的历史遗址，后者更多地出现在开放空间等场所。静态养护注重对设计的矫正，即充分考虑种植的原始条件并保持种植计划的稳定不变，其主要的工作是移除所有的自生植物，修剪蔓延开来的植物，从而保证原本种植的数量与体量；而动态养护则在设计的目标框架内允许自播或自生等植物的存在，允许对设计的调整。但动态养护的对象通常是经过经验累计完善了的植物群落，它们之间的生态系统相对稳定，因此允许独立优化种植细节（但要设计师明确指出权限范围），即进一步发展（创意养护），比如进行一定程度地分株、移栽或补植等[⊖]。

养护标准分为：**最低养护**，即允许植物长期维持在可以容忍的状态的养护；**标准养护**，即保持植物拥有吸引力的外观并考虑物种特定的特性；**最佳养护**。这些对应 5 个层级的养护内容。

1）清洁度：除了清理落叶（难以分解的叶子）、垃圾外，最重要的是

⊖ Jürgen Bouillon. op. cit, 2013: 225-226。

第四章　理法｜以自然为师：近自然种植设计的原理与方法　055

图 4-13　伦敦伊丽莎白女王奥林匹克公园的冬季修剪效果，作者自摄，拍摄时间：2016 年 12 月 29 日

冬季修剪，这是为了防止自然发生的演替，方法是定期对多年生草本植物的地上部分进行全部割除（图 4-13）。

2）选择性控制杂草：不同于锄地，针对**确定且已成熟的杂草**进行选择性拔除，这里提倡使用标准更严格的化学除草剂。

3）保持植物生长的活力：主要包括浇水、施肥、修剪、防寒及**覆盖物**⊖的选择等。

4）发展养护：即分株、移栽或补植、清理和幼苗筛选等工作，该内容需要对设计十分了解并具有更高的技术要求。

5）美化：作为锦上添花的养护，包括捆扎、绑扶、摘心、花前修剪等特别的养护内容⊜。

⊖ 在笔者的观察中，发现有覆盖物错用的现象，在此做简要的说明：覆盖物用于持续低覆盖土壤表面，以防止极端情况（如土壤温度，水平衡等）的发生，并避免土壤的过度干燥以及一定程度上抑制杂草的发芽（光照不足）。此外，覆盖物还可以促进土壤生命，改善腐殖质供应，实现良好的土壤改良。覆盖物分为有机覆盖物和矿物质覆盖物。有机覆盖物，包括堆肥、树皮腐殖质、树皮覆盖物、切碎的修剪物、落叶、树叶堆肥等，往往用于林下、林缘、花床和湿润的开放空间；而矿物质覆盖物，包括砾石、熔岩、砖屑、卵石、浮石等，适用于干燥开阔的区域，如干草原、草原石楠园、岩石园等。这里需要指出的是，砾石覆盖物所构成的砾石花床与以耐旱植物为主的砾石花园并不相同。覆盖物也需要养护与更换（有机覆盖物在 1~4 年后几乎全部分解，矿物质覆盖物会被蠕虫和土壤混合），同样因运输费用等影响造价，因此是在设计初期就需要考虑的。
⊜ Jürgen Bouillon. op. cit, 2013: 202-207。

针对**野生种植**、**具有花坛特征的野生种植**、**花坛**种植 3 种类别，可以参考表 4-2 近自然种植养护方案⊖：

表 4-2　近自然种植养护方案

种植类型	养护方案	养护频率
野生多年生种植	除草，冬季修剪，覆盖物，清理	$5\sim10\ min/m^2/yr$
具有花坛特性的野生多年生种植	不需美容，夏季修剪可减少至 1 次或忽略，植物保护也仅限于维持生命的措施	林下：$5\ min/m^2/yr$ 开敞空间：$10\ min/m^2/yr$
花坛	除草，夏季修剪、捆扎、剪掉死花，秋季修剪	$16\sim50\ min/m^2/yr$

注：本表由作者根据参考文献"Jürgen Bouillon, 2013: 226-227"自行整理。

综上所述，图 4-14 勾勒了近自然种植设计与试验的基本方法：第一，作为设计概念或匹配已有的设计概念，需要发现并理解具体的自然原型，包括其中物种的组成及其之间的生态关系；第二，提取群落中的骨干物种，加大观赏价值高的物种的比例，配比各物种的数量，通过艺术的手法组合（参见第五章）；第三，根据场地的特征以及需要解决的空间问题、设定的空间秩序、希望达成的空间愿景与氛围，利用选用的植物协助完成设计并实施；第四，观察群落的动态演替情况，评价并删选、调整物种（或品种）的种类及数量，在多次不断的调试中进行动态养护，以期达到稳定的预设效果。在试验田中完成反复调试的过程以获得成熟的植物组合，再应用在实践项目中，这是相对稳妥的。

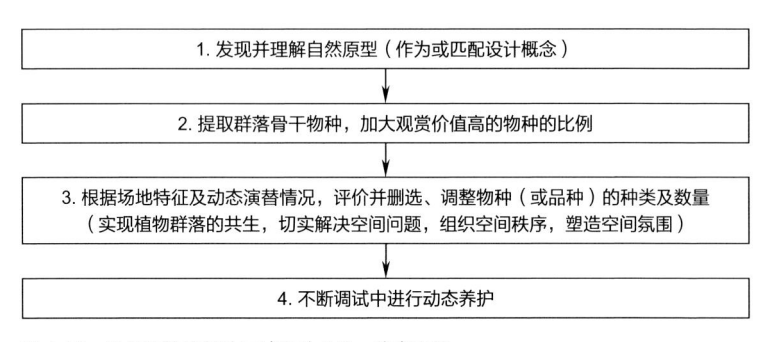

```
┌─────────────────────────────────────────────────────────┐
│  1. 发现并理解自然原型（作为或匹配设计概念）              │
└─────────────────────────────────────────────────────────┘
                            ↓
┌─────────────────────────────────────────────────────────┐
│  2. 提取群落骨干物种，加大观赏价值高的物种的比例          │
└─────────────────────────────────────────────────────────┘
                            ↓
┌─────────────────────────────────────────────────────────┐
│  3. 根据场地特征及动态演替情况，评价并删选、调整物种      │
│     （或品种）的种类及数量                                │
│     （实现植物群落的共生，切实解决空间问题，组织空间秩序， │
│      塑造空间氛围）                                       │
└─────────────────────────────────────────────────────────┘
                            ↓
┌─────────────────────────────────────────────────────────┐
│  4. 不断调试中进行动态养护                                │
└─────────────────────────────────────────────────────────┘
```

图 4-14　近自然种植设计与试验的方法，作者自绘

⊖ Jürgen Bouillon. op. cit, 2013: 226-227。

第五章
近自然种植应用类型：
从单一种植到混合播种

应用

近自然种植在应用中，首要核心便是参照自然原型，通过美学的加持，权衡人工与自然，从而确定种植设计。因此，**单一种植**和**混合播种**代表了人工力（美学）与自然力（科学）的两种种植方式的极端（图 5-1）。单一种植在栽植后受到自然力影响而发生改变（包括植物种类、空间形态、空间效果等）的弹性是最小的；混合种植会在植物后期的生长中更大地体现物竞天择和弱肉强食的自然规律，而播种更是将栽植的过程也加入了随机变量。因此在人工力和自然力的两极之间，可以划分出很多各有偏重的近自然种植应用类型。

本书中的应用类型是在借鉴**于尔根·布永**（Jürgen Bouillon）编写的《多年生草本植物应用手册》（*Handbuch der Staudenverwendung*）和**沃尔夫冈·博查特**（Wolfgang Borchardt）编写的《植物应用设计之书》（*Pflanzenverwendung: Das Gestaltungsbuch*）两本著作的基础上，根据应用类型受自然力干预的程度梳理编撰的。参考文献中所指的应用类型虽以多年生草本植物为主，但仍有一些可以借鉴木本种植的思路和概念穿插其中，例如景象种植（Aspektpflanzung）的应用方式，可以按照不同的花期来营造不同景象的方法来理解，这类种植方法在木本种植中的应用对我们而言可谓是轻车熟路。反之，许多应用类型同样适合于木本植物。

1）第一类：**人工力主导的图案种植**。**单一种植**（Monopflanzung）体现的生态科学价值微乎其微，也往往被排除在近自然种植的应用类型之外，因此坐落在代表人工力的轴线的极端。边界清晰的**块状种植**（Blockpflanzung）、代表花境经典种植的**流线型丛植**（Driftpflanzung）及通过网格控制的**阵列种植**（Rasterpflanzung）图案清晰且动态变化小。而**群植**（Herdepflanzung）、**马赛克种植**（Mosaikpflanzung）则定义了不同大小、形状的斑块，更类似点彩派的抽象图案，边界清晰度低且动态变化相对较大。其中马赛克种植由于种植面积的尺度很小，

自然力（科学）		人工力（美学）

图 5-1　人工力（美学）与自然力（科学）的平衡，作者自绘

甚至可以以单株为单位，因此也更贴近自然。

2）第二类：**深谙植物习性——平衡人工力与自然力**。除按照种植图案来组织植物种类外，还可以突出某种"**领袖**"**植物**，即 Leitstauden，该种应用方式又可以按照其背后的原理加以区分：即**英式原则**和**植物社交水平**（Geselligkeitsstufen）原则。植物社交水平原则可以指导**核心组**（Kerngruppen）的组建。作为点缀的**散植**（Streupflanzung）和高密度的散植可以形成一定时段的特定**景象种植**（Aspektpflanzungen），是与图案种植形成鲜明对比的应用类型。**渐进种植**（Verlaufspflanzung）考虑到了植物在后期生长中的散布行为；**延续种植**（Folgestaudenpflanzung）则是出于花期衔接的动机进行应用的方式。

3）第三类：**多重自然力做功的混合种植**。包括"栽植""栽植与播种"及"播种"3 种种植方式，表现出受自然力影响而表现出的动态感，与种植过程中不同程度的随机性。

以上 17 种基本应用类型，出发点各有不同，因此并不相悖。本章最后也将在归纳总结设计的应用类型的基础上指出创新的基本策略。下文中将结合具体的例子和模式图来详细解读。

第一节　单一种植

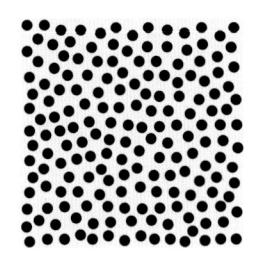

图 5-2　模式图：单一种植，作者自绘

单一种植是指某种（或几种）植物的大面积种植，由于种间关系相对简单，并不需要很多生态知识作为理论支持[1]（图 5-2）。单一种植往往取决于**压力因素**和**设计概念**：前者指场地特殊的土壤、水分或光照条件与"正常"状况相差甚远，仅有少数物种能够长期忍受并从中获得竞争优势；后者则是有清晰特别的设计意图与愿景。

单一种植拥有统一的色彩、肌理、结构，能够更为清晰地展示设计效果，养护也相对容易；但对植物种类的选取要求相对严格：需要选取适宜场地、避免病虫害、具有高竞争力的种类，同时需要兼顾各个季节效果[1]。倘若选择竞争力弱的种类则需更为精细的养护管理，清除不断侵入的自生植物（野草），否则种植效果将大打折扣。

如前文所述，以沃尔夫冈·欧梅和詹姆斯·凡·施卫登为代表的新美国花园便是单一种植的典范，德国的佩特拉·佩尔茨的实践也曾被归为单一种植。

单一种植简洁大气，通常更容易塑造空间氛围，突出设计概念。虽然物种多样性较低，但设计的稳定性相对较高。图 5-3 展示了观赏草随地形的蜿蜒变化而种植的单一种植。

---

[1] Norbert Kühn. op. cit, 2011: 233-240。

第五章 应用｜近自然种植应用类型：从单一种植到混合播种　　061

图 5-3　单一种植：德国埃森（Essen）绿色首都项目（Grün Hauptstadt Essen），作者自摄，拍摄时间：2017 年 9 月 28 日

第二节　块状种植

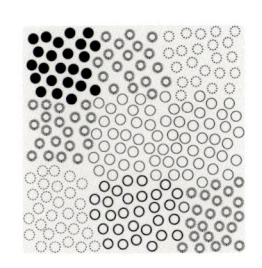

图 5-4　模式图：块状种植，作者自绘

块状种植是图案种植中最为简洁的一种形式，适应城市中的现代设计（图 5-4）。这类种植在选择物种时，需要考虑场地全年的效果，注意植物之间色彩、肌理、结构、季相等各因素之间的协调或对比㊀，兼顾群体**远观的冲击力效果**和**植株近察的细节**。此外，图案交接的边缘，避免使用匍匐茎植物以防图案边缘模糊不清㊁，旺盛的生长和紧凑密集的生长习性是对植物材料的进一步要求㊂。图 5-5 是奥地利维也纳交通岛的观赏草块状种植。

㊀　Jürgen Bouillon. op. cit, 2013: 83。
㊁　Wolfgang Borchardt. Pflanzenverwendung: Das Gestaltungsbuch [M]. Stuttgart: Verlag Eugen Ulmer, 2013: 227。
㊂　Jürgen Bouillon. op. cit, 2013: 83。

图 5-5　块状种植：奥地利维也纳交通岛的观赏草，作者自摄，拍摄时间：2018 年 7 月 26 日

块状种植的单元内部也可以通过两种或几种物种互补，以避免图案在某个时节过于稀疏⊖。块状种植边界清晰，成组的块状种植单元能够协助**控制空间的节奏感，暗示空间序列**。

第三节　流线型丛植

这种波浪状的结构化群栽是由格特鲁德·杰基尔开发的，也是花境的经典种植方式，形成的是一种"**交织**"的植被图。优点是游人看不到并排的种植条带，而是**纵深交错**的种植图像：体现高度、形式、颜色、结构、纹理的协调与对比⊜（图 5-6）。

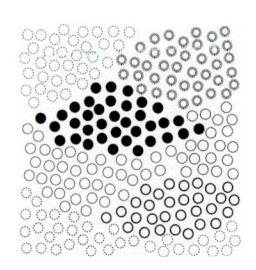

图 5-6　模式图：
流线型丛植，作者自绘

⊖ Wolfgang Borchardt. Pflanzenverwendung: Das Gestaltungsbuch [M]. Stuttgart: Verlag Eugen Ulmer, 2013: 227。
⊜ Wolfgang Borchardt. op. cit, 2013: 228。

虽然流线型丛植可以尽可能地避免植物物种间僵化的种植边界，但其追求的效果依旧是相对稳定的，也就是说植物外观的动态变化仅在有限范围内被允许，物种之间的关系是有预期和特意设计的，即建立它们之间的多种美学关系，回避自然力对其的影响，因此也是需要较高养护水平的[1]。

流线型丛植的波浪结构作为"花境"是我们最为熟知的应用类型（图 5-7），各类书籍也多有详细介绍，这里就不加以赘述了，需要强调的是要避免均质、并列的布局形式，准确理解流线型丛植"drift"的意义。

图 5-7　流线型丛植：英国皇家园艺学会威斯利花园（RHS Garden Wisley），作者自摄，拍摄时间：2024 年 9 月 1 日

---

[1] Jürgen Bouillon. op. cit, 2013: 84。

第四节　阵列种植

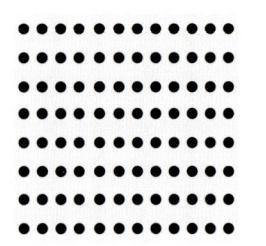

同一种植物布局在**等距**的阵列中，即便远观也会十分引人注目，是对建筑线条的有效呼应（图 5-8、图 5-9）。地被层的阵列种植可以有序地采用对比色的布局，首选竖线条草本植物而避免匍匐茎扰乱秩序，植物的间距设计需要考虑有足够的预留空间[一]。

图 5-8　模式图：阵列种植，作者自绘

图 5-9　阵列种植：2001 年德国波茨坦举办的花园展，现位于波茨坦人民公园内，作者自摄，拍摄时间：2019 年 10 月 26 日

[一] Wolfgang Borchardt. op. cit, 2013: 242。

第五节 群植

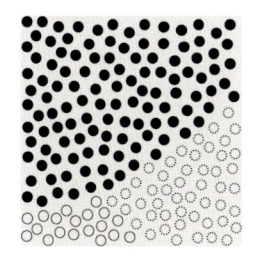

图 5-10 模式图：群植，作者自绘

群植更加贴近近自然种植，它的结构不如上述有图案结构的种植方式严格，因此更多地受到自然力的影响而出现较大的动态变化，受到的控制较少，即确保匍匐类蔓延植物在群落中的比例可控即可。群植大多是指每个物种可占据 5~10 m² 的斑块，这些斑块通常都是**无规律自由分布的**（图 5-10、图 5-11）。为避免斑秃的情况发生，斑块通常至少需要两个可以实现互补的物种，例如许多早春开花的球根类植物便是理想的填空替补[⊖]。

图 5-11 群植：奥地利维也纳经济大学（Wirtschaftsuniversität Wien）路侧种植，作者自摄，拍摄时间：2018 年 7 月 30 日

⊖ Wolfgang Borchardt. op. cit, 2013: 230。

第六节 马赛克种植

马赛克种植同群植类似,都是由**无规律的自由斑点**构成,区别在于同一物种植物群的规模通常为 1~3 m²[1](图 5-12)。

马赛克种植往往是以自然风景为蓝本的,例如森林中喜光的植物的植被组合或滨河多年生群落等。该应用类型拼贴不同的物种,保证种间关系长期稳定,允许内部小

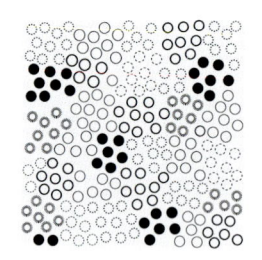

图 5-12 模式图:马赛克种植,作者自绘

范围的动态变化,因此选择具有竞争优势的物种便可以实现粗放养护。若动态变化超出一定的界限,便会遵循植物社交水平原则发展:即竞争力强的物种侵占更大的空间,而竞争力弱的物种则逐步消亡[2](图 5-13)。

图 5-13 马赛克种植:丹麦哥本哈根黛安娜公园(Dianapark),作者自摄,拍摄时间:2019 年 5 月 5 日

---

[1] Wolfgang Borchardt. op.cit, 2013: 230-231。
[2] Jürgen Bouillon. op.cit, 2013: 85。

马赛克种植因斑块面积较小，出现空窗的问题较群植或块状种植而言不大。尽管马赛克种植外观自然，但十分强调物种选择与设计和放样，这也是与混合种植（混合种植无须平面图控制，而采用随机种植）最大的区别。在设计中，建议避免颜色的混合，应使用相同的色彩或肌理来组织植物㊀。

第七节　图案种植

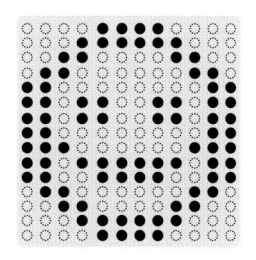

图 5-14　模式图：
图案种植，作者自绘

广义而言，以上各类种植都属于图案种植（Flächenfigurpflanzungen）：其中块状种植、流线型丛植的边界、效果都相对稳定，而群植、马赛克种植则是大小相对的无规律版本，单一种植强调种类，而阵列种植的重点在于等距。狭义的图案种植通常与**花纹**、**图样**等相关，如刺绣花坛、模纹花坛等（图 5-14）。由于需要保持图案边界清晰，需要避免使用匍匐茎植物、攀缘类植物，需要避免因花期、观叶期等不同而造成的斑秃，因此可以考虑两种或多种植物互补。图案的设计与场地及其周边环境相关，需提供观赏角度使得游人能够容易辨认㊁。当然图案类型既可以是具体的、复杂的，也可以是抽象的、简洁的（图 5-15）。

㊀ Wolfgang Borchardt. op.cit, 2013: 230-231。
㊁ Wolfgang Borchardt. op.cit, 2013: 226-227。

图 5-15　图案种植：西班牙巴塞罗那圣十字圣保罗医院（Recinte Modernista de Sant Paul），作者自摄，拍摄时间：2018 年 11 月 15 日

第八节　领袖种植：英式原则

领袖植物是指在多年生草本花境（和花床）中定下基调、重复出现且表达主题的植物⊖。领袖植物往往要稳定地表达设计师的概念，因此匍匐类或自播繁衍的植物会因在后期改变原本设计的结构而不适合被选用。领袖植物优选色彩艳丽、花型特别的植物，但若植物的盛花期较短，则可安排"前赴后继者"，以在保证设计概念、构图等前提下，持续保证效果；高大稳定的物种可以作为框架的骨干种很难被忽略。伴生植物的选择应该以相似或对比的原则进行确定⊜。

确定领袖植物后，英式原则要求根据花期选择其他物种： 在其之前、之后和同时开放的植物。这里需要指出的是：晚开的植物往往适合作为前

⊖　Jürgen Bouillon. op. cit, 2013: 87。
⊜　Wolfgang Borchardt. op. cit, 2013: 238-240。

景，从而填补领袖植物盛花期后的空白；用宿根植物和地被植物填补其他剩余区域；球根花卉则散布于其他植物之间。为了更好地呈现，种植床的中间或两端可以推荐高度交错的背景⊖（图 5-16）。

图 5-16 模式图：英式原则指导下的领袖宿根种植，作者自绘

这种基于英式原则的领袖宿根植物种植以美学为纲领，关注节奏、色彩理论、空间效果、四季变换。因此这种种植方法强调的重点并不是亲近自然而是艺术夸张，也就是更偏向人工力。

这类种植方法需要对植物有很深入的了解，从而确保制订合理的、详细的种植计划和养护计划。养护水平要求精细，从而保证设计概念的传达（图 5-17）。

图 5-17 基于花期的领袖种植：英国伦敦伊丽莎白女王二世奥林匹克公园，是由皮特·奥多夫设计的、强调夏末花期的花境，作者自摄，拍摄时间：2024 年 9 月 2 日

⊖ Wolfgang Borchardt. op. cit, 2013: 232。

第九节　领袖种植：植物社交水平原则

多年生植物可以单独或以不同大小的组别组合在一起，这由植物的社交水平即植物社会性组合的能力来决定，通俗来说，就是**与其他物种和平共处的能力**，或者说某一物种生存能够达到的规模。而多年生植物的群落组合，其外观会因植物的种间关系而发生变化，近自然种植的应用可以以植物的社交水平为设计原则（图5-18）。

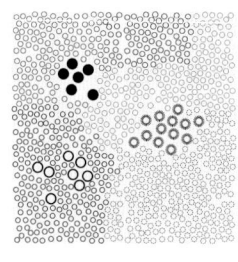

图 5-18　模式图：植物社交水平原则指导下的领袖种植，作者自绘

理查德·汉森和赫尔曼·穆塞尔（Hermann Müssel）将植物学中的"社交水平"演绎至花园种植中。植物的社交水平分为以下 5 个等级[⊖]。

I 级：尽可能地单独或以小组团形式种植。
II 级：以 3~10 株为单位进行分组。
III 级：以 10~20 株为单位进行分组。
IV 级：大量且大多在广泛的区域内种植。
V 级：大面积使用。

植物的社交水平是对种植后植物的散布行为及寿命等生长习性的长期观察总结出的指标（一般会清晰地标注在商家的花圃名录中）。例如大规模布置生长旺盛的植物起初可能极具吸引力，但多年后却稀疏零星，此类植物就应归类为 I 级或 II 级，不宜大面积种植；再如具有葡匐茎的物种，很适合大规模使用，因此其社交水平可以归为 III 级和 IV 级。上文所述的单一种植就体现了 V 级社交水平，而后文即将涉及的栽种，通常以单株为单位，从社交水平来说就是 I 级。

[⊖] Wolfgang Borchardt. op. cit, 2013: 232.

图 5-19　体现植物社交水平的领袖种植：2024 年德国拜仁州（Bayern）慕尼黑附近基希海姆（Kirchheim bei München）花园展中由汉娜·罗斯（Hanne Roth）设计的时令花坛，作者自摄，拍摄时间：2024 年 7 月 14 日

基于植物社交水平应用领袖种植方法，就是将以美学为纲领的英式原则向科学一侧倾斜：首先安排社交等级低、适合单独种植的多年生植物，再将社交等级高的植物填充到剩余空间中。利用植物本身的散布行为，可以较少维护且模糊植物种植分界线，但是并不是说忽略美学和其他科学原理的指导（图 5-19）。

第十节　核心组种植

核心组种植，首先需要根据植物的**社交水平**确定**性质相似或对比鲜明**的植物组成核心组，确保它们在各个维度都可以有效地互相补充。在兼顾考虑设计概念、色彩、花期、散布方式及植物的高度等参数的基础上，

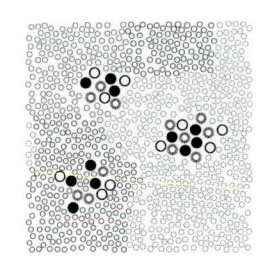

图 5-20 模式图：核心组种植，作者自绘

得出所选用植物的比例⊖。就是说将领袖植物从某一种拓展到搭配得当的组团（图 5-20、图 5-21）。

为了保证种植的多样性、层次性与结构性，往往会将更高大的骨干植物设置为核心群落，而伴生植物则将其联系起来，最后由低矮植物填充剩余的空间⊖。

图 5-21 核心组种植：德国巴登—符腾堡州 2021（2022）年埃平根（Eppingen）花园展，作者自摄，拍摄时间：2022 年 8 月 20 日

⊖ Wolfgang Borchardt. op.cit, 2013: 234。

第十一节　散植

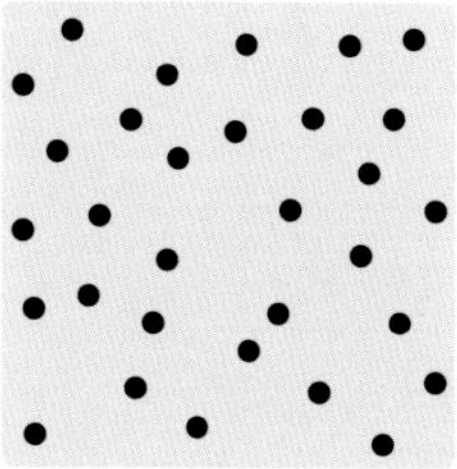

图 5-22　模式图：散植，作者自绘

散植借鉴的是自然中沙地和岩石地区中植物**分散的野生状态**，因此往往用于沙地、岩石、砾石或水景花园的设计中（图 5-22）。它们随机分布，必须具有足够高的对比度、丰富度、高度才能引起重视[○]。

适合散植的植物包括球根植物（弥补花期空白）或有着独特"生长形态"[○]的直立结构植物，而具有散布行为的匍匐茎类植物等则会随着植物生长破坏原本散植的设计意图[○]。**散植植物的分布需要简洁且不可程式化，也就是说往往点缀于作为基质的块状或单一种植等图案种植的物种之上，不可形成阵列或其他形式的规则布局**[○]。

适度的散植可以使场所更具吸引力，因此散植植物的选择最好是该地区的**典型植物**并**最好是同一种**[○]。散植的密度越高，越倾向于以几日或几周为周期的景象种植（Aspektbilden）[○]。另外，对于一些不算高大但若大规模种植会弱化个体魅力的植物而言，可以加大种植间距，给予其随风摇曳的空间，例如拱形的观赏草等[○]。

散植的养护管理相对简单，但对于竞争力弱的物种则需要花费更多的时间[○]。

图 5-23 所示的荷兰乌得勒支大学植物园中的岩石园虽是以展示个体植物为主要目的的，且透露着浓郁的后工业风，但其中散布的耐旱植物在种植形式上依然模拟了野生状态，随着时间的流逝慢慢生长。

○　Wolfgang Borchardt. op. cit, 2013: 240-242。
○　生长形态（Wuchsform），不同于生活型，是指植物的外观，即它们的相貌，同时包括通常观察不到的根系的相貌。
○　Wolfgang Borchardt. op. cit, 2013: 238, 240-242。

图 5-23　散植：荷兰乌得勒支大学植物园岩石园，作者自摄，拍摄时间：2018 年 3 月 31 日

第十二节　景象种植

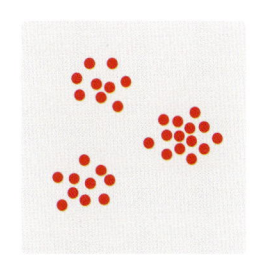

图 5-24　模式图：景象种植，作者自绘

景象种植是以关键植物的**特定景象**（主要指花期、花色、果实等）来决定植物组合与空间布局（图 5-24）。这种以植物观赏价值为导向的种植设计对我们而言并不陌生（图 5-25）。大量使用特定"景象"，可以提高场地的识别度。当然景象种植不限一种景象，可设计相继出现的多种景象；景象也不一定只是视觉景象，还包括气味在内的其他方面的景象[¹]。

多年生草本景象种植的构成原理是由海纳·卢斯（Heiner Luz）在混合种植的基础上提出的。他还主张将数量有限的物种混合种植，这些物种

图 5-25　景象种植：德国弗赖辛威亨史蒂芬的分选园，作者自摄，拍摄时间：2024 年 5 月 2 日

⊖　Wolfgang Borchardt. op. cit, 2013: 238, 240-242。

在经过建植阶段后应共同生长,以形成植物群落,而种植的密度往往较高(10~12 株/m²),从而快速实现自然植物群落的形象。通常设计考虑 2~3 个花期内,植物的种植效果会非常好,即通常会大面积开花。然而,景象种植模型并非直接取自生活范围,而是在借鉴了植被生态图像(如草甸、贫瘠草地和林地边缘等)后,用野生多年生植物和花朵艳丽但强健的品种来丰富这些图像㊀。

第十三节　渐进种植

渐进种植(也称为渗透种植)是指一种物种与其他两种或多种物种**相互渗透、交替出现**的种植类型(图 5-26)。它可以与混合种植结合,也可以打破块状种植的结构,还可以作为不同类型种植间的连接㊁。

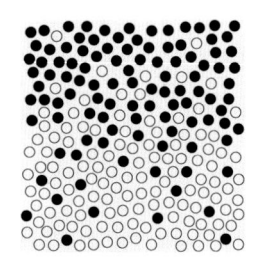

图 5-26　模式图:渐进种植,作者自绘

相互融合且没有清晰边界的植物群在自然风景中并不少见,轮番上阵的不同植物不仅可以实现不断变化的场地景观,还可以对植物本身带来有利的影响。例如麦田中的蓝色矢车菊与红色虞美人,并非简单混合两种对比鲜明的颜色,而是令两者相互渐进发展,渗透至彼此之中(图 5-27)。同理,相同色系不同深度的渐进种植可以打造梯度渐进的效果㊂。

渐进种植的养护需要养护者对植物的种类和它们的散布策略非常了解。允许渐进种植的前提是能够接受随时间动态变化的植物景观,如果变化很大可能会向混合种植发展,如果需要保留原本的设计效果则需要增加养护管理的强度㊃。

㊀ Norbert Kühn. op.cit, 2011: 252。
㊁ Jürgen Bouillon. op. cit, 2013: 89。
㊂ Wolfgang Borchardt. op. cit, 2013: 243。
㊃ Jürgen Bouillon. op. cit, 2013: 89。

图 5-27　渐进种植：德国勃兰登堡州的麦田，作者自摄，拍摄时间：2022 年 5 月 22 日

第十四节　延续种植

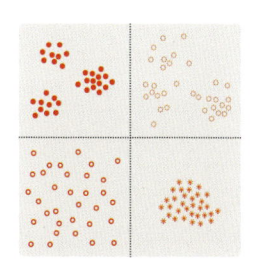

图 5-28　模式图：延续种植，作者自绘

不同于渐进种植在空间上的渗透，时间维度上的延续种植针对的是生命周期较早开始或生命周期较短的物种，主要是球根花卉，为避免场地后期出现裸露斑秃的情况而使用的应用方式。延续种植的主旨类似花期的延续，但是不仅限于花卉**色彩的延续**，还包括植物**生长形态的延续**⊖（图 5-28、图 5-29）。

⊖　Wolfgang Borchardt. op. cit, 2013: 245。

图 5-29 延续种植：德国巴登—符腾堡州 2024 年万根阿尔高（Wangen Allgäu）花园展中保持色彩的稳定延续从而体现纺织主题的时令花坛，作者自摄，拍摄时间：2024 年 5 月 3 日

第十五节　混合种植

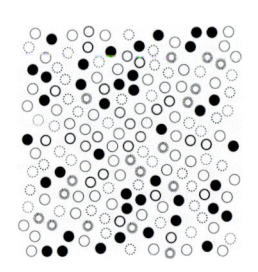

图 5-30　模式图：混合种植，作者自绘

混合种植是基于"生活范围"的一种种植方法。在考虑到植物花期、外形、叶片观赏等搭配的基础上，探讨共生组合的动态发展，同时纳入生态思想，以确保混合种植能够实现长期效果⊖（图 5-30）。

最初于 1993 年由沃尔特·科尔布（Walter Kolb）和沃尔夫拉姆·基彻（Wolfram Kirch-

⊖　Norbert Kühn. op. cit, 2011: 243。

er）根据汉森的生活范围名录进行混合配比，自 1994 年起安哈尔特技术应用大学开展了类似的探索，1998 年由沃尔夫拉姆·基彻领衔研究项目"Perennemix"。随后相继出现了德意志宿根园林师联盟（Bund deutscher Staudengärtner，简称 BdS）和拜仁葡萄种植与花园建造研究所（Bayerische Landesanstalt für Weinbau und Gartenbau，简称 LWG），以及上文提及的赫尔曼霍夫分选园，这些机构都对混合种植进行了相关实践。首个配比成功的混合种植是名为"Silbersommer"的组合，在德国和瑞士被广泛试验、优化。混合种植是最简单的实现多样、多年动态的可持续性多年生群落的方法（图 5-31）[⊖]。

混合种植主张将生态与美学相结合，区分各类场地，结合生活范围，合理应用不同植物：首先，运用 R 策略的短生命周期植物在第一年迅速统治场地；其次，配合 C 策略持续且缓慢生长的植物在第二年接替；此外，在干燥、贫瘠、阴暗和湿润的场地则选取 S 策略植物应对。

混合种植简化了常规种植设计，并**没有针对场地的平面图**，而是通过配比 5 类不同功能的植物完成种植规划，**进行随机栽植**。

图 5-31　混合种植：德国莱比锡，作者自摄，拍摄时间：2024 年 4 月 27 日

⊖ Norbert Kühn. op. cit, 2011: 243。

1）骨干植物（Gerüstbildner）：占总量的 5%~15%，高度应达 70 cm，具有特殊的观赏价值，可选用冬季仍留有残枝的种类。

2）伴生植物（Begleitstauden）：占总量的 30%~40%，高度为 40~70 cm。

3）地被植物（Bodendecker）：占总量的 50%，高度为 5~40 cm，对于譬如北美草原混合种植等类型，可以加大伴生植物总量至 50%~60%，而相应降低地被植物占有量。

4）补充植物（Füllstauden）：占总量的 5%~10%，主要为短生命周期植物，如一年生植物等，以塑造首年植物景观。

5）球根植物（Zwiebel- und Knollenpflanzen）：多色彩艳丽，往往可在夏季为其他植物让出空间⊖。

在满足基本混合种植的基础上，还可以尝试散布主打不同观赏花期的品种、突出某种具有特殊观赏价值的植物组团，或突出 2~3 种植物搭配的群落等多种种植形式。混合种植依赖研究与实践的携手发展，实践中比较突出的有包括贝蒂娜·贾格斯特（Bettina Jaugstetter）在内的众多专注种植设计的设计公司，在公共空间、工业园、道路交通用地等方面应用混合种植。

以 BdS 为代表，混合种植目前已按照不同场地条件发展出 30 多种组合，应对不同光照条件（分 3 级：阳光充足、半荫和全荫）和土壤条件（分 4 级：干燥、较干燥、新鲜和湿润）的场地，设计相应的植物搭配方案，表 5-1 中略举个例，相关具体配比表详见附录中的附表 D~附表 J。

⊖ Philipp Schönfeld, Cassian Schmidt, Wolfram Kircher, Jessica Fenzl. Staudenmischpflanzungen. Bundesanstalt für Landwirtschaft und Ernährung. Broschüre im Eigenverlag. 2017: 8, 13, 20, 21, 45。

表 5-1 混合种植

光照条件	土壤条件	混合种植举例	附表号
阳光充足	干燥至较干燥	本土干草原 'Heimische Blütensteppe'	D
	较干燥至新鲜	北美草原夏天 'Präriesommer'	E
	新鲜至湿润	粉红天堂 'Pink Paradise'	F
阳光充足至半荫	较干燥至新鲜	色彩镶边 'Farbesaum'	G
阳光充足至全荫	较干燥至新鲜	本土原生开花植物 'Heimischer Blütenwandel'	H
半荫	较干燥至新鲜	半荫冬季开花植物 'Blütenwinter halbschattig'	I
半荫至全荫	较干燥至新鲜	荫影珠宝 'Schattenjuwelen'	J

注：作者根据参考文献 Philipp Schönfeld, Cassian Schmidt, Wolfram Kircher, Jessica Fenzl, 2017"自行整理。

第十六节 播种与混合栽种

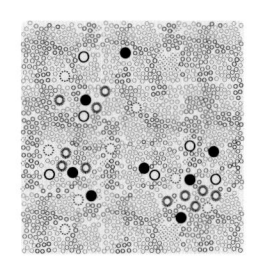

图 5-32 模式图：播种与混合栽种，作者自绘

混合种植主要采用栽种的种植方式，以确保快速见效与比较高的成活率；而在开放空间的项目中，仅采用播种很难迅速地达到预期效果，因此也常用播种与混合栽种的种植方式，即在播种物种的基质中栽植某些具有美学价值和竞争力的多年生植物和球根花卉（图 5-32）。**播种和种植多年生植物的比例可以不同，例如 80∶20，播种区域通过种植多年生植物获得整体的结构和框架。当然在已有草甸（草地）上加种多年生植物的做法也是十分常见的**⊖（图 5-33）。

⊖ Jürgen Bouillon.op. cit, 2013: 91。

图 5-33　播种与混合栽种：德国 2024 年巴特迪伦贝格（Bad Dürrenberg）花园展，作者自摄，拍摄时间：2024 年 4 月 27 日

第十七节　播种

图 5-34　模式图：播种，作者自绘

播种适用于私人和公共区域的大规模绿化、临时花卉活动和风景如画的花卉草地或草甸。在公共绿地，播种尤其适用于交通绿化带、交通环岛或树池[⊖]（图 5-34）。

播种还适用于建立物种丰富、维护成本低的草地或草甸，作为生态补偿区的一部分。播种的种子组合，应注意确保所需的植物群落组成是该地区的典型特征，所有物种应都是**本地**

⊖　Jürgen Bouillon. op.cit, 2013: 92。

图 5-35　播种：英国牛津大学植物园的默顿花境（Merton Borders），作者自摄，拍摄时间：2024 年 9 月 9 日

物种。诚然一些经过驯化的外来植物引入花园中也是允许的，如图 5-35 中的默顿花境（Merton Borders）就是谢菲尔德学派对播种的尝试，其中混合了地中海、南非和北美的 3 种植物组合。但由于杂草的压力和对场地的错误判断会导致播种失败，所以要留意**土壤的准备**⊖（见第四章第四节）。待发芽后，草地或草甸的外观更大程度上取决于养护，具体要求详见第四章第四节。

与预先栽培的草皮类似，在温室中播种和预先栽培的**多年生植物垫**也适用于快速绿化区域，这是播种的一种植被技术变体，通常用作绿色屋顶的植被垫⊖。

⊖ Jürgen Bouillon. op.cit, 2013: 92。

第十八节　创新秘诀：应用类型的有序叠加

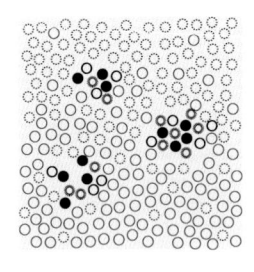

图 5-36　模式图：
应用类型的有序叠加，以渐进种植与核心组种植的叠加为例，作者自绘

混合种植和单一种植是两种特色最为鲜明的种植方式。它们以及上述介于两者之间的各种种植设计应用类型，都是可以根据场地、根据设计发挥不同的功效的。尽管它们的目标均不局限于美学标准，都是为保证设计植物群落的观赏效果长期有效，以满足方案设计对植物材料的宏观及其内部的要求，但是其背后的理论基础是有很大区别的，因此对它们的应用也有着不同的要求。在应用的过程中，势必要考虑在熟知的应用类型的基础上创新，而这种创新就是将**不同应用类型有序叠加**[1]（图 5-36）。

皮特·奥多夫最为独特的**基质种植**方法，事实上就是将单一种植或渐进种植的 2 种植物作为基质（图底），在其上叠加块状种植。图 5-37、图 5-38 中为德国莱茵河畔威尔城（Weil am Rhein）维特拉园区（Vitra Campus）的奥多夫花园（Oudolf Garten），其中心是围绕草坪的基质种植区域，用鼠尾粟（*Sporobolus fertilis*）作为基质，上部叠加各种块状种植，边缘则以块状种植为主。

---

[1] Wolfgang Borchardt. op.cit, 2013: 245。

图 5-37 块状种植叠加单一种植的基质种植方法：德国莱茵河畔威尔城维特拉园区的奥多夫花园鸟瞰，作者自摄，拍摄时间：2022 年 5 月 12 日

图 5-38 块状种植叠加单一种植的基质种植方法：德国莱茵河畔威尔城维特拉园区的奥多夫花园近景，作者自摄，拍摄时间：2022 年 5 月 12 日

实践

第六章
花园主题：本土实践的思路

在我国，花园除了是私家庭院外，还可以"园中园"的形式用来丰富公园等开放空间；此外，花园设计体量相对较小，十分适合尝试新的设计，因此，对于探索近自然种植而言，是很恰当的。我们已经了解了近自然种植的原理和应用的类型，接下来则列举一些以近自然种植为出发点、适合本土实践的花园设计思路。

思路一：自然原型。北美草原（prairie）和欧洲、亚洲广泛分布的**干草原（steppen）**作为近自然种植的自然原型，已被欧洲研究多年并广泛应用。

思路二：目标物种。月季花园（Rose Garden）是目标物种专类园的典型代表；石楠花园（Heide Garden）为应对干燥气候的植物专类园；而不以某一确定物种为目标的**盲盒花园（Blackbox Garden）**则展示了自然力创造出的惊喜。

思路三：应对气候变化。砾石花园（Kiesgarten）十分适应干燥气候，由英国的贝丝·查托首创，已有多年的发展历史。而应对海绵城市的政策，**渗池（Versickerungsanlage）**中的植物需要适应交替潮湿区的环境。

思路四：不只是人类游憩的花园。分选园（Sichtunggarten）的设置原本就是为了试验植物个体和植物组合的。而**昆虫友好花园**，顾名思义，是打造适合昆虫生存的环境的花园。

以上的思路之间并不矛盾，因此可以兼顾。

第一节　源自北美的草原原型

"草原"（Prairie）一词源自法语，意为草地，实际上指的是北美地区相对多样化的草原，因此本书中将其翻译为北美草原。包括高草北美草原（tall-grass prairie）和短草北美草原（short-grass prairie）：高草北美草原分布于土壤肥沃的地区，草高可达 1~2 m；而短草北美草原则生长在土壤贫瘠的区域。大多数典型的北美草原植物通常不耐阴，草原与林地交界处或树丛周围，植物逐渐过渡为更耐阴的物种。北美草原作为设计自然植被的模型具有重要意义，因为它提供了多种适应不同气候和土壤类型的迷人物种，且夏季无须修剪⊖。

"北美草原"在欧洲的应用十分广泛，最初由乌尔斯·瓦尔泽在 1991 年多特蒙德联邦园林展首次尝试。卡西安·施密特在魏因海姆尝试的混合种植也涉及该主题（附表 E）。自 2003 年起，德国逐渐出现一种趋势，不同于英国谢菲尔德学派播种的主张，其实践多以**栽植**为主⊖。在建立北美草原的初期，应将各个演替阶段的不同植物都考虑到，从而在真正属于北美草原的多年生植物群落稳定前，一些填补空隙的从属植物可以在演替初期占据主导地位。为避免北美草原中的植物受到来自本土植物的竞争，需要确保土壤的纯净度，杂草更是需要及时清理⊖。北美草原这一风格是否能够真的形成稳定的群落，还因外在环境的不同，会有意想不到的结果，需在各种长期的实践中进行检验。此外，本土实践还需要防止外来植物的入侵，首先要注意种植的位置，需要远离传播路线（河流、公路、铁轨等）并应限制种植的规模及其扩散的速度⊖。

英国著名花园设计师汤姆·斯图尔特·史密斯位于伦敦以北约 40 km 处的谷仓花园（The Barn Garden）中的北美草原花园部分（图 6-1）是 25 年前播种的原生草甸的补充，在谢菲尔德大学詹姆斯·希奇莫夫的建

⊖ James Hitchmough, op. cit, 2017: 86-87。
⊖ Norbert Kühn. op.cit, 2011: 266。
⊖ Norbert Kühn. op.cit, 2011: 267，274。

图 6-1 北美草原花园：汤姆·斯图尔特·史密斯的谷仓花园，作者自摄，拍摄时间：2024 年 9 月 3 日

议下被开发，于 2011 年春季播种。设计源自场地本身的土壤性质，即东部重黏土，西部沙质，通过 2 种不同的混合播种来强调这种对比。这里有大约 40 种外来植物，除来自北美的植物外，还加入了南非物种，现在还在不断增加新的物种。这里的养护工作比花园种植区要少得多，但比起只需夏末割一次草的原生草甸要多得多[一][二]。

第二节　亚欧大陆的干草原原型

干草原（Steppe）主要是大陆性气候强的东欧、西伯利亚西部和中亚的天然草地[三]，包括不同的植被形态。此外，干草原植被的环境特点是降雨量

⊖ Tom Stuart-Smith. The Barn Garden [EB/OL]. https://www.tomstuartsmith.co.uk/projects/meadows-praries. [2024.04.14]。
⊜ James Hitchmough. op.cit, 2017: 301。
⊜ Norbert Kühn. op.cit, 2011: 301。

相对较少，时常大旱。因此植物必须具有足够强的耐旱性才能生存。水分压力可能是由于降雨量低、土壤储水能力差或两者兼有。许多干草原物种由小型耐压植物组成，花朵通常相对植物本身而言较大，对人类极具吸引力。然而，干草原通常难以作为湿润夏季气候下肥沃土壤上的植被的设计模型，因为其开放的结构可能使其极易被杂草物种入侵。但它通常非常适合干燥的环境，例如绿色屋顶[⊖]。由于"干草原"相对"北美草原"而言属于本土自然，在欧洲的实践更早，"干草原"的应用始于 1983 年的慕尼黑西园，混合种植中也对该自然原型有所尝试（附表 D）。

位于柏林蒂尔加藤公园（Tiergarten）的干草原花园（图 6-2）最初由威利·阿尔弗代斯（Willy Alverdes）于 1953 年创建。作为蒂尔加藤公园园长，他负责重新设计这座被战争破坏的公园。在距离勃兰登堡门仅 300 m 的一座阳光充足、相当干燥的小山上，他建造了一座色彩柔和的芳香花园。尽管经历了柏林墙和道路疏通，但靠着定期的园艺养护，这

图 6-2 干草原花园：柏林蒂尔加藤公园，作者自摄，拍摄时间：2024 年 10 月 6 日

⊖ James Hitchmough. op.cit, 2017: 301。

座花园还是保存了几十年。2009 年开始以养分贫瘠的大草原为主题，种植了许多喜沙质和干燥土壤的植物。2011 年，约有 1/3 的植物完全枯死且很多植物很难继续生长，因此在对这个面积不大的干草原花园进行修复时，决定不再重复 2009 年的种植理念，而是建造一个能够让人联想到干草原的花园：在春天有摇曳的草丛和鲜艳的球根植物。新的干草原花园需要动态养护，使空间印象不断地变化。在改建时，现有的植物、引进的植物和自生植物交织在一起，因此，设计从现有的残留植物和自生植物中发展出一种多年生植物和草搭配的结构，将地形的高度和主要的视觉关系作为设计要素。最初，由于并不熟悉阿尔弗代斯最初的植物清单，因此选择了适应当地环境、易于种植的植物，从而能在建成的第一年就给人留下深刻印象。后期，由于贝恩德·克吕格（Bernd Krüger）发现了 1953 年的植物清单，其中包括相当多种的野生植物例如深蓝色的鸢尾和鲜红色的公园玫瑰。出于对文物的尊重，许多在 2009 年种植的浅色鸢尾被替代，由于最初使用的种植土并不适合种植耐压策略植物，且树木的规模变大，小环境有所改变，于是无奈做出许多妥协。在接下来的多年至今，养护者都在观察植物的长势、调整植物的种类，对花园进行动态的养护[○]。

第三节　突破传统的月季花园

月季园的设计在欧洲有着悠久的历史，不论是高大的灌木月季、低矮的地被月季，还是极具观赏价值的品种月季、攀缘月季，均十分广泛地应用在各类花园中（图 6-3），为蜜蜂、蝴蝶等提供蜜源。

当代的月季种植踊跃出一些新的尝试，2019 年海尔布隆举办的德国联邦园林展中，1500 m² 的月季沙丘更是首屈一指（图 6-4），由柏林著名的种植设计师克里斯蒂安·迈耶操刀。沙丘位于临时种植的夏岛之上，与月季喜沙质土壤相辅相成。月季选取单瓣、重瓣各类品种，绚丽

○ Steppengarten. [EB/OL].http://www.steppengarten.de. [2024.04.14]。

图 6-3　月季花架：英国伦敦邱园，作者自摄，拍摄时间：2017 年 5 月 27 日

图 6-4　月季沙丘：2019 年德国联邦花园展海尔布隆（Heilbronn），作者自摄，拍摄时间：2019 年 7 月 30 日

的花朵突出色彩的对比，种植于各种多年生草本植物、观赏草、郁金香和观赏葱之间，产生了耳目一新的效果。这是因为月季沙丘的设计摒弃了原本展示品种月季的花园思维，而是与"沙丘"的小环境相结合，配合其他植物，营造出了有序的自然野生月季景象。

第四节　对荒原的憧憬：石楠花园

石楠荒原（Heide）是一种景观类型[一]，石楠（Heide）是一种植物的名称，而石楠荒原中并不一定包含石楠这种植物，如部分地区的干草原石楠（Steppenheide）。石楠花园的自然原型同样可以细分为很多种类，如：沙丘石楠（Dünenheide）是受到风、天气还有盐影响的自然景观；而北德的低地石楠（norddeutsche Tieflandheide）属于一种文化景观，因为它的产生与当地的畜牧业息息相关；高山石楠（Hochgebirgsheide）中的石楠并非主角，仅是一个极为丰富的植物群落中的一部分。石楠花园因德国十分典型的石楠荒原而特别，不仅可与岩石相结合，做成有着荒原氛围的大片植物群落，还可以围绕单独的置石做点睛的节点。此外，石楠荒原与沙丘、沼泽往往都是紧密联系在一起的，这也使得在花园面积足够时，可以与沙丘、沼泽相结合进行设计[二]。

德国著名的吕讷堡石楠荒原（Lüneburger Heide）是一片传统的牧羊区，通常石楠荒原会逐渐被森林（最初是桦树和松树，然后是橡树和山毛榉）覆盖，但放牧和偶尔的火灾会使植物恢复活力，抑制树木生长，因此这里不会形成森林[三]，可以认定为"文化景观"。

位于英国皇家园艺学会威斯利花园中的石楠花园（图 6-5）包含三个

[一] 包括干草原石楠、沙丘石楠、北德的低地石楠、高山石楠、中高山岩石石楠（Heide im Felsenbereich der Mittelgebirge）、特内里费岛树石楠（Baumheide auf Teneriffa）。
[二] Lothar Denkewitz. Heide Gärten [M]. Stuttgart: Verlag Euge Ulmer, 1987。
[三] Simona Hill. RHS Garden Wisley Garden Guide [M]. London: Royal Horticultural Society. 2020: 66。

图 6-5　石楠花园：英国皇家园艺学会威斯利花园的石楠花园，拍摄：刘津宁，拍摄时间：2024 年 9 月 1 日

属的植物：石楠（*Calluna*）、大叶石楠（*Daboecia*）和欧石楠（*Erica*），包括 800 个栽培品种，其中许多品种在栽培时已濒临灭绝。经过 2018 年的改造，该区域融入了更大的石楠花以及丝兰属或其他草类伴生植物，它们已成为该地区的焦点[⊖]。

第五节　自然带来的惊喜：盲盒花园

在传统的花园设计中，每个区域都会有详细的种植计划，因此特定的设计理念是通过精确放置植物来体现的，也就是说人工力占主导，相对应地，盲盒花园正是以自然力为主的一类实践主题。盲盒花园借助植物自身的生长力，不仅价格低廉，还可以与传统园艺共存，作为对比，强化两种不同风格的花园效果。然而，盲盒花园并非最初没有愿景，而是引入一些合适的物种，由其后代自行寻找可以永久维持生计的地方。物竞

⊖　Simona Hill. RHS Garden Wisley Garden Guide [M]. London: Royal Horticultural Society. 2020: 66。

天择，若选择的物种竞争力弱，或是遭遇干扰，则有可能在若干年后消失，因此在盲盒花园中很难找到高度培育的、不育的品种。但是，设计目标清晰具体的盲盒花园则十分依赖后期的养护管理。盲盒花园十分适合没有耐心等待植物成熟至设计愿景的情形，这不仅因为盲盒会有令人吃惊的效果，还因为适合盲盒花园的物种往往为寿命短暂、依赖于繁殖的，也就是说它们往往色彩缤纷，开满鲜花。尽管盲盒花园的设计不局限于本土植物，但也建议警惕物种入侵⊖。

邓杰内斯（Dungeness）是英国肯特郡的一个半岛，伸入英吉利海峡，它的底土由卵石组成，卵石之间几乎不能积聚腐殖质（如果有的话）。由于地理位置的原因，当地气候极其温和，降雨量低（625 mm/年）、砾石的储水能力差，半岛上没有树木或灌木丛可以生长，所以许多当地人将其称为沙漠。然而，一些植物设法吸收雾和咸雾中的水分并将其储存在植物中。这些特殊的条件造就了邓杰内斯独特的植物群。这个不到 2000 hm² 的地区生长着大约 600 个物种，约占英格兰发现的物种的 1/4。然而，许多植物只能在这个荒凉的地区生存有限，且只能依赖种子延续。因此，可以说邓杰内斯是天然的盲盒花园⊖（图 6-6）。

图 6-6　盲盒花园：英国邓杰内斯，作者自摄，拍摄时间：2024 年 9 月 5 日

⊖　Jonas Reif, Christian Kress, Jürgen Becker, Blackbox Gardening: mit versamenden Pflanzen Gärten gestalten. Stuttgart: Verlag Eugen Ulmer, 2014: 11, 12, 15, 29。

第六节　砾石花园并非砾石花床

砾石花园不同于岩石园,可以被解释为一种特殊的岩石草原(Felssteppe),更为抽象的版本便是日本的枯山水,上文中的邓杰内斯就是天然的砾石花园。十分注重场地本身的氛围和生态特征的园林设计师贝丝·查托有意识地建造砾石花园:最初的设计是源于对海滩上被冲击的砾石、卵石和沙的观察,这种由大块砾石支撑起来的骨架使得水分迅速流失从而增加了植物夏季的干旱压力,但同时也有利于耐旱植物的生长(图 6-7)。

由于在种植多年生植物时,砾石覆盖层能够降低维护成本,减少杂草的侵扰(参见第四章第四节),使得砾石花园逐渐演变成**砾石花床**(**Kiesbeet**)⊖。正如第一章中所言,花床是相对理想的种植环境,与场地本身的联系很弱,因此砾石花床更加强调砾石的功能,而非遵从近自然种植的原则。由此可见,现在城市中广泛存在的覆盖着砾石的种植场地,并不能直接判定为砾石花园。

图 6-7　砾石花园:英国贝丝·查托花园,作者自摄,拍摄时间:2024 年 9 月 7 日

⊖ Norbert Kühn. op.cit, 2011: 275。

第七节　海绵城市渗池：交替潮湿地区的标志物种

海绵城市的政策在欧洲也是备受推崇，各种应对雨水的措施也逐步成熟，得以推广。其中与植物紧密相关的包括：渗池种植（图 6-8）、行道树渗池、粗放和精致的屋顶花园、弹性屋顶（即蓝绿屋顶花园）及立体绿化等。其中渗池种植的要求较复杂，需要选择交替潮湿区域的物种，按照柏林水利公司（Berliner Wasserbetriebe）的建议，附表 K 中指出了渗池内可以应用的灌木与草本植物⊖。

图 6-8　渗池多年生草本种植：慕尼黑阿克曼伯根（Ackermannbogen）大草地（Große Weise），作者自摄，拍摄时间：2011 年 7 月 3 日

⊖　Berliner Wasserbetriebe. Mulden-Rigolen-System Regelquerschnitt, Regelblatt 601. 2017。

此外，海绵城市渗池的种植设计也颇受科研领域的青睐，是炙手可热的研究课题：2019 年卡尔·福斯特基金会与乌尔姆出版社授予的国际乌尔姆奖授予了研究课题为《城市渗池的抗压植物：以柏林达勒姆为例》（*Stressresistente Pflanzen für den Einsatz in urbanen Versickerungsmulden. Entwurf eines Forschungsaufbaus am Standort Berlin-Dahlem*）的毕业论文，作者为达妮埃拉·科尔杜安（Daniela Corduan）。安杰利卡·埃佩尔-霍茨（Angelika Eppel-Hotz）也通过实践进行研究，分别观察位于池陂、池底和池冠的植物存活率，分别对干燥区域及交替潮湿区域的植物提出建议⊖。

第八节　分选园：作为户外试验室的植物园

分选园是区别于植物园的一种用于进行植物生态研究的花园。卡尔·福斯特指出，其目的不仅在于美学，还在于判断各种植物的生命力、耐候性、野生生存能力、对抗病虫害的能力等。对于分选园的研究而言，汉森在《韦恩施特芬分选园》（*Sichtungsgarten Weihenstephan*）一书中提出对植物"推荐场地等级"及"野生宿根花卉应用范围"等内容的评价⊖。至于应用价值，则更需对不同气候和土壤条件下植物的竞争力、社交等级和对气候的适应能力进行分选。

赫尔曼霍夫分选园（图 6-9）位于魏恩海姆（Weinheim），属巴登山道（Badische Bergstraße）区域，为德国最为炎热的地区。此地适宜种植葡萄等不耐霜冻植物，气候影响造就了高度植物多样性，包括约 2500 种多年生草本，400 余种木本植物，物种源自欧洲、北美、亚洲等地。该花园原为赫尔曼-恩斯特·科德宝（Hermann-Ernst Freudenberg）的私家花园，在格尔达·戈尔维泽（Gerda Gollwitzer）的提议下，于

⊖　Angelika Eppel-Hotz. Pflanzen für Versickerung und Retention [EB/OL]. https://www.lwg.bayern.de/mam/cms06/landespflege/dateien/pflanzen_versickerung.pdf [2024.04.17]。

⊖　Richard Hansen. Sichtungsgarten Weihenstephan [M]. München: Verlag Callwey, 1977: 20-22; 26; 32-34。

图 6-9　赫尔曼霍夫分选园：试验耐旱植物，作者自摄，拍摄时间：2022 年 8 月 21 日

1979 年 4 月由汉森倡议将"赫尔曼霍夫作为花园文化中心"，使其成为德国西南适宜种植葡萄等不耐霜冻植物的分选园。花园植物统一由乌斯·瓦尔泽进行规划设计，用以从不同的场地、各异的生态状况以及美学和养护方面观察园艺植物的植物群落。花园分为 5 个部分。①木本和林缘：欧洲、东亚和北美的森林木本及林缘多年生草本；②开敞空地：干燥的北美草原和南欧草原的植物，北美草原花园中的高型草及水池边的湿润野花草地植物；③干草原石楠荒原和岩石干草原；④水边和水生：沼泽区植物、水生植物及睡莲区；⑤花床：观赏类宿根植物、北美和亚洲花床宿根、灌木与多年生草本及一年生时令花坛[⊖]。

[⊖] Cassian Schmidt. Schau- und Sichtungsgarten Hermannshof [M]. Stuttgart: Verlag Eugen Ulmer, 2018: 4-9。

第九节　互惠互利的昆虫友好花园

花园中的昆虫种类繁多，其中一些是与植物互利互惠的，比如协助植物传粉的蜂类、蝴蝶等，但也有一些并不受欢迎，比如以植物嫩叶为食的蜗牛或蛞蝓等"害虫"。蜂类（包括蜜蜂、熊蜂、孤蜂等）以特定或非特定的植物花蜜为食，顺便传播花粉，因此在设计昆虫友好花园时，通常是很有物种针对性的，在大尺度的开放空间中，往往是与保护地相结合的。在此，尤其需要强调的是，需要警惕开放空间设计中概念的滥用，杜绝洗绿○现象，不鼓励在并不知晓自然环境物种的情况下，盲目布景式地布置昆虫旅馆等设施。当然，为了一般意义上的昆虫保护，很多自然保护机构也分享了为蜜蜂、蝴蝶等提供蜜源的植物清单，鼓励民众在自家花园或阳台上种植（图 6-10）。

图 6-10　昆虫友好花园：英国剑桥大学植物园中的蜜蜂花境，作者自摄，拍摄时间：2024 年 9 月 8 日

○ 洗绿（Green Washing）是一种广告或舆论操弄的形式，透过有欺骗性质的绿色公关和绿色行销手段来让公众相信一个组织的产品、目标和政策都是环境友善的。通常采取洗绿策略的公司是为让自身，或是供应商的所犯的环境失误看起来与己无关。

第七章
近自然种植重要参考书评介

经典

近自然种植设计的参考书浩如烟海，笔者仅就部分参考书进行评介，以德文和英文文献为主（图 7-1）。其中德文书籍虽对各位读者而言有一定的语言壁垒，但为本书的撰写提供了非常重要的参考，也为系统学习近自然种植提供了基础，因此收录了其中最为重要的书目。下文中尽可能多地列出英文书目，但势必有所疏漏，敬请读者指教。

接下来将相关的近自然种植文献按照学术论文、教科书、设计师专著、其他等进行分类。

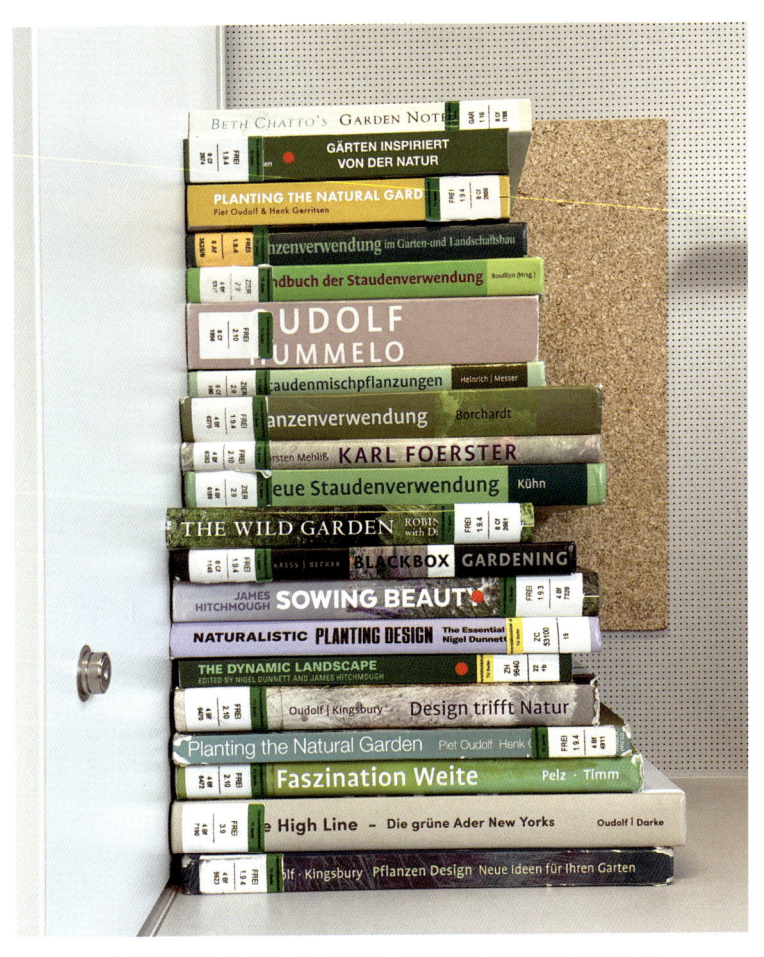

图 7-1　近自然种植部分参考书，作者自摄，拍摄时间：2024 年 4 月 20 日

1. 学术论文

近自然种植的学术论文集结成书的成果并不多，大多分散在不同的期刊和会议论文中。由英国谢菲尔德大学的奈杰尔·邓尼特和詹姆斯·希契莫夫于 2004 年编写、2008 年再版的《动态风景：近自然城市种植的设计、生态和养护》（*The Dynamic Landscape: design, ecology and management of naturalistic urban planting*）是对近自然种植进入深入讨论的论文集，被列为种植设计的必读书目。

2. 教科书

此处仅列举德文教科书作为主要参考。

《植物应用：设计之书》（*Pflanzenverwendung: Das Gestaltungsbuch*）由沃尔夫冈·博查特（Wolfgang Borchardt）撰写，是一本系统介绍种植设计的书。该书以植物的形式、色彩、轮廓、结构、肌理、动态控制与演替开篇，直入主题。表明了"设计即秩序"的观点后，阐述了对比、韵律等设计手法，其中的 Y 字构图类似我国"攒三聚五"的构图方法。在木本种植一章中论述了"以空间为目标"，分别就绿篱、树阵、孤植树和林荫空间展开。对于草本植物则详细解释了生活型、应用类型和生活范围等内容，介绍了月季和夏季开花的部分植物。最后阐明了将设计想法落实到设计图纸的过程，规范了种植设计图纸的绘制和苗木表的书写等。本书除了精美的图片外，作者还手绘了大量的平面、立面及模式图，涵盖了种植设计的基本内容。

《多年生草本植物应用手册》（*Handbuch der Staudenverwendung*）为于尔根·布永（Jürgen Bouillon）所著，主要以多年生草本为设计材料，突出其动态的、长期的变化。该书概括了包括生活型、生长形态、常绿或落叶、生态策略等基础知识，总结了德国观察、分选各类植物的地点。设计的部分则涵盖了生活范围，植物社交等级，设计概念的生成，植物的功能类型、应用类型等知识，还指出了施工图设计相关的内容。在补充了包括混合种植、播种及球根植物的部分后，还梳理了招标文件的书写、苗木质量的描述、土壤准备、苗木运输等环节，详细阐述了养护的策略、概念和管理办法等。该书内容贯穿了从设计到养护的全部环节，是对工作新手十分实用的工具书。

《多年生草本植物应用》（*Staudenverwendung*），由柏林工业大学植物应用教席的诺伯特·库恩教授撰写，作为 2012 年的《新草本宿根植物应用》（*Neue Staudenverwendung*）的修订版，新加了生物多样性与气候变化的内容，于 2024 年再版。该书最大的特色就是在梳理了草本宿根植物的应用历史及德国的现状后，将生态策略的理论基础从设计的角度重新分类。在应用原则的部分，除了色彩、形式和植物叶片等基础知识外，还对荒野进行了阐述，介绍了单一种植、混合种植、新草甸、北美草原种植、砾石花园、自生植物与萌生林等研究和实践的最新进展。该书包含了很多多年生草本种植的前沿课题，同时带有作者观点，是在了解了基础种植方法后的进阶读物。

3. 设计师专著

设计师专著多是设计师自身对种植设计的经验总结，包括不同角度对植物观察、应用、养护等的心得；一些专著偏向某类特定的类型，比如耐旱花园、耐阴花园、混合种植、播种种植等；还有一些个案作品集类的书籍以及对偏爱植物的推介。当然很多设计师在撰写的时候会将自己的设计方法、作品和常用的植物都收录在专著中。

这里尤其需要指出的是，皮特·奥多夫的书籍细致入微地介绍了植物应用的方方面面，区别于晦涩的理论铺陈，能更具体地指导实践。这些著作各有千秋，尽管其中一些重要的论述被反复提及。

《设计遇见自然：皮特·奥多夫的现代花园》（*Design trifft Natur: Die modernen Garten des Piet Oudolf*）出版于 2013 年，由奥多夫本人与诺埃尔·金斯伯里（*Noël Kingsbury*）共同撰写。书的总纲首先探讨了分块与混合、秩序与自生两对相反的概念，在阐明了种植审美后，对栽植与可持续、物种多样性、气候变化、本土与外来物种的争论等做出了自己的回应。本书最具特色的是**揭秘了奥多夫的等级种植法：通过案例解读主要植物（Hauptpflanzen）、基质植物（Matrixpflanzen）和散种植物（Streupflanzen）的应用方法**。此外，还对草本宿根植物的**叶形**进行观察，展现了耳目一新的应用角度。书中强调了结构植物的重要性，提出结构植物与填充植物的比例应为 7 : 3；还将观赏季进行了更细致的划分（最细致的划分版本另见《多年生草本植物与草类的新花园设计》一书）。在探讨种植的长期效果一章中，总结出更为细密的植物生活型划分层次，对植物的蔓延方式、生长方式和自播能力进行了阐述⊖。此外，本书还涉及了混合种植的内容：以丹·皮尔森（Dan Pearson）、罗伊·迪比克（Roy Dibik）、海纳·卢斯（Heiner Luz）及谢菲尔德学派的实践为主。

《多年生草本植物与草类的新花园设计》（*Neues Gartendesign mit Stauden und Gräser*）同样由奥多夫与金斯伯里共同完成，该书最初出版于 2000 年，分别于 2007 年、2013 年两度再版。书中最具特色的是对植物充满想象力的观察：漩涡、花穗、伞状花序、雏菊、网络。书中对蕨类植物进行了主观分类：温暖的、凉爽的、迷人的、深色的、泥土气息的。针对不同的空间氛围（如明亮的、动感的、和谐的、单一的、崇高的、神秘的）也给出了相应的植物推介。此外，正如上文所说，对观赏季进行更为细致的划分：春、晚春、初夏、盛夏、夏末、初秋、秋、晚秋和冬。

《皮特·奥多夫作品集》（*Piet Oudolf at Work*）于 2023 年出版，是

⊖ 详述：1）自身的生活型，决定了植物是否能够长期生长。奥多夫将生活型细化为短生命周期（几个月）、真正的一年生、真正的二年生、用作二年生（第三年活力开始减弱）、短生命周期的多年生（多于 3 年）及真正的多年生（长期生长）等。其中长期生长的多年生植物无性繁殖后的植株均拥有独立的根，但是通常需要一定的时间才能适应场地；而短生命周期的植物往往具备先锋策略的特征，常用于填补空缺。2）植物的蔓延方式，是指植物的分生方式，其蔓延方式远近距离的不同，还有向四周、向竞争少等不同方向的蔓延。植物的蔓延主要体现出植物的竞争策略。3）植物领地的占领，是指植物占领领地的能力，一些植物就地生长，而另一些则在植物主体外围生发小的独立植株。植物领地的占领体现的是植物的竞争策略。4）具备播种能力的植物，即自播繁衍的短生命周期的种类，生命周期越短其生产种子的能力就越强。

奥多夫最为翔实的作品集，是对其种植设计进行深入研究的重要文献。该书收纳了世界各国的设计师对奥多夫作品的解读，其中包括：卡西安·施密特、乔尼·布鲁斯（Jonny Bruce）、诺埃尔·金斯伯里、詹姆斯·科纳、罗西·阿特金斯（Rosie Atkins）以及汉斯·乌尔里希·奥布里斯特（Hans Ulrich Obrist）和蒂诺·塞加尔（Tino Sehgal）的对话。此外书中还收录了 19 个奥多夫在世界各地的作品，提供了清晰的图纸和项目介绍，文末另附有带有描述文字的植物名录。

《种植自然花园》（*Planting the Natural Garden*）一书最初出版于 2003 年，于 2019 年修订再版，2021 年出版德文版 *Gärten inspiriert von der Natur*。书中用了大半篇幅详细介绍了**具体植物的用法**，特别的是，还为不同的空间氛围（如炙热的、繁茂的、通透的、静谧的、热烈的、凄美的等）提供了相应的植物清单。

《植物设计：您花园的新点子》（*Pflanzen Design: Neue Ideen für Ihren Garten*）出版于 2006 年，同样由奥多夫与金斯伯里合著，是一本种植要点的合集。该书在表明近自然种植的主张后，指出了生存策略的重要性，举例介绍了包括**草甸、干草甸、干草原和短草的北美草原、长草的北美草原、高宿根植物田野、野生区域和湿生区域**等自然原型。随后探讨了植物与空间的关系，即植物的应用方式。在植物组合模块中，区别了群组种植和混合种植及不同的混合种植类型。在花园设计部分，以种植规划的思路展开，提出了孤植、基调、骨干、填充和分散植物的体系。时间维度的探讨主要集中于植物形态的变化，最后以养护实践为结尾。

另外，奥多夫还出版了一些植物素材类书籍，用于推荐自用品种，如《我最爱的植物：新花园植物和应用》（*Meine Lieblingspflanzen: Neue Gartenpflanzen und ihre Verwendung*，2005），专门介绍观赏草的《观赏草造园》（*Gardening with Grasser*，1998）和《细腻华美的观赏草》（*Zarte und prachtvolle Gräser*，1997）等。除了 2023 年出版的作品集外，奥多夫还与荷兰著名景观公司 LOLA 合作出版了作品集《皮特·奥多夫和 LOLA 的景观作品》（*Landscape Works with Piet Oudolf and LOLA*），单一作品的解读则包括奥多夫在荷兰霍美洛赫赫有名的自宅花园《奥多夫霍美洛》（Oudolf Hummelo）和大名鼎鼎的高线公园Gardens of the High Line: elevating the nature of modern landscapes、德文版The High Line: die grüne Ader New Yorks等。

除了奥多夫外，还有很多学者也出版了个人理论与作品集。

《近自然种植设计：基本指南》（Naturalistic Planting Design: The Essential Guide）由奈杰尔·邓尼特撰写，出版于2019年，于2021年引进国内。该书的特色是邓尼特经过多年实践总结出近自然种植的一般方法"universal flow"，其流程包括"力与流（forces and flow）""层（layers）""秩序（order）""波（wave）"，共4步，其中"力与流"是指植物在空间、平面的安排，针对物种相容性，提出应用兼容中等压力和干扰策略的物种，避免选择统治型植物。"层"主要指植物的竖向安排。"秩序"主要指创造植物组团的单元感，以提高其可读性，其中包括内部秩序和外部秩序。"波"是指利用动态养护，阻止非理想物种对场地的统治，针对物种多样性，提出干预自然演替过程中物种多样性波动，从而保证近自然种植的长期效果。在设计过程中植物物种的选取（"力和流"）及管理阶段动态的高品质养护（"波"）均运用了生态策略类型理论，实现可持续的多年生植物景观。

《播种美丽：从种子开始设计花甸》（Sowing Beauty: Designing Flowering Meadows from Seed）一书由詹姆斯·希契莫夫撰写，是其理论和实践的总结。首先，作者论述了植物群落作为设计的工具，以播种为核心的设计方法论。随后详细介绍了不同的自然草甸原型，提出具体的近自然种植草本植物群落设计方法：确定需要群落的数量及群落内部的结构，通过矩阵筛选符合场地要求及人类需求的物种。书中还详细论述了播种种植过程中混合种子、种植与建成后养护的各个环节。最后是其代表作品的展示，不仅详细解读了设计的概念与方法，还总结了成功与失败的经验。该书是学习"播种"草甸的重要参考书籍，既有指导方法，又有详细的物种选择和配比记录。

《广阔的魅力：佩特拉·佩尔茨的现代花园》（Faszination Weite. Die modernen Gärten der Petra Pelz）一书由佩尔茨与乌尔里希·蒂姆

（Ulrich Timm）合著，于 2013 年出版。此书首先简述了佩尔茨的成长经历，包括向她的恩师沃尔夫冈·欧梅学习的历程，在美洲的游学等；分享了从设计到预算的经验；分别探讨了公共空间、私人花园及德国花园展等 3 种不同类型种植设计相应的对策；在概述自己的设计原则时指出简洁清晰并不等同于单调无趣，提出为场地寻找最为合适的划分种植尺度的重要性。与众多设计师类似，她推介了自己喜爱的植物，介绍了自己的建成项目以及自己位于比德里茨（Biederitz）的花园。

此外，英国的贝丝·查托出版了多本著作，如以月份为时间线索撰写的《贝丝·查托的花园日记》（Beth Chatto's Garden Notebook）以及基于她著名的砾石花园总结出的耐旱种植经验的《耐旱种植：贝丝·查托砾石花园的学习》（Drought-Resistant Planting: Lessons from Beth Chatto's Gravel Garden）还有在此基础上衍生的《潮湿花园》（The Damp Garden）、《贝丝·查托的耐阴花园：终年喜阴植物》（Beth Chatto's Shade Garden : Shade-Loving Plants for Year-Round Interest）等，不一而足。沃尔夫冈·欧梅的作品集《沃尔夫冈·欧梅和詹姆斯·范·斯威登：新世界景观》（Wolfgang Oehme & James van Sweden : New World landscapes）、《在园林观赏草之间：沃尔夫冈·欧梅和他的新世界花园》（Zwischen Gartengräsern : Wolfgang Oehme und seine grandiosen Gärten in der Neuen Welt）分别于 1996 年和 2008 年发行。这些前辈的工作经验看似久远，但其中的很多观点、观察角度仍十分宝贵，很值得我们学习。

4. 其他

对于近自然种植而言，层出不穷的作者从不同角度切入，或以某类专类园为主题撰写图书，他们的读者不限于种植设计的研究者或高校的学生，也面向园艺爱好者。如《自然花园风格：源自自然的造园》（Natural Garden Style: gardening inspired by nature）是 2009 年由英国著名花园作家、以公共空间的可持续种植见长的设计师诺埃尔·金斯伯里独立撰写的书籍。他开篇在引言中简要提出了近自然种植的要点，包括浪漫与现实主义、可持续性、野生植物与园艺品种、"适地适树"的原则、从自然学习的方法、为野生生物的花园、自然风格的种植以及自然风格种植的植物。随后分主题进行深入探讨，其中按照种植的景观类型深入讲解，分为草甸、北美草原与花境、树木与林地、花园与荒野风景，另外还包括雕塑与装饰、地形与水体形式、太阳与石头和创造与养护等章节。

除此以外，《后野生世界的种植：弹性景观的植物群落设计》（*Planting in a post-wild World: Designing plant communities for resilient landscapes*）突出野趣与弹性景观，以植物群落为对象展开；《盲盒花园》（*Black Box Gardening*）强调随机；《宿根植物混合种植》（*Staudenmischpflanzungen*）主张混合；《最美的砾石花园：毫不费力就能看到美丽的花园》（*Die schönsten Kiesgärten: prächtige Gärten mit wenig Aufwand*）围绕砾石花园讨论……各个国家的花园设计师都不断地在实践中总结经验，但是他们都离不开近自然种植主张的立场、应用的理论、运用的方法等，这里就不一一列举了。事实上，本书的编写也同样围绕这些核心内容，输出笔者的理解与思考。

第八章
近自然种植案例项目解读（欧洲部分）

践习

本书收集了笔者考察过的或待考察的以英国、德国、瑞士、荷兰为主的近自然种植实践项目共 60 个（图 8-1），不包括纽约高线等美国近自然种植的项目，也不包括帕特里克·布朗克（Patrick Blanc）在内的垂直绿化先锋设计师的作品，部分涉及包括近自然种植在内的近自然设计。其中英国的项目多以突出园艺水平的花园为载体，德国及瑞士则更注重城市开放空间的近自然种植应用，而荷兰则以奥多夫的作品为主要学习对象。

此外，不同于举办场地固定的切尔西花展（Chelsea Flower Show）和汉普顿宫花展（Hampton Court Flower Show），德国（及奥地利）的园林展⊖（Gartenschau）均会作为城市发展与建设的工具开展于不同城市。德国近年来更有多个分散小城市联合举办园林展的先例，从而可在各城市政府建设投资有限的情况下确保园林展的规模。图 8-2 中列出了 40 个计划中的园林展的举办地（及年份），同样是学习近自然种植不可错过的良机。

下文将以与博物馆相得益彰的辛格（Singer）**花园**和令特伦特姆花园（Trentham）重获新生的多年生种植设计为例，讨论方寸之间的四时变迁与沧海桑田；比较英国邱园（Kew Garden）与德国柏林人民植物园（Volkbotanische Park Pankow）连接精致化与野性的方法，提出**植物园摆脱精致化刻板印象的主张**；通过极致的本土植物的彰显（荷兰的 Heemparks）与忠于场地的自生植物的应用（德国 Park am Gleisdreieck）描绘 2 种适合城市**公园**的种植思路；通过瑞士的案例解读**保护地**与**城市边缘**近自然种植的贡献。

⊖ 德国园林展 10 年一次的国际园林展（IGA，Internationale Gartenschau），下一届将于 2027 年在鲁尔区分散在不同城市联合举办；2 年一次联邦园林展（BUGA，Bundesgartenschau），下一届本定于 2025 年在 Rostock 已确定取消；各个联邦州自行决定举办州域园林展（LGA，Landesgartenschau）的频率，频繁的如拜仁州，每年举办，经济较弱的州可能会几年举办一次。荷兰 10 年一次的园林展 Floriade，已取消应在 2032 年举办的展览。

第一节　花园：方寸之间的四时变迁与沧海桑田

前文已经表明了花园与开放空间种植的区别，即设计师个人的艺术主张可以更鲜明地表达在花园的咫尺之间。花园中的植物相较于群体效果更倾向于个体的细腻展示，每丛植物都被精心安排，等待属于自己的绽放时刻。相对于木本植物，多年生草本植物无法长期占据领地，塑造空间的能力因而较弱，但也正因如此，它们的地上部分会有序退出并让位给其他植物，连续上演着动态变化的精彩，因此多年生草本群落的物种多样性及效果多样性都远高于同样空间内的木本植物。

四时变迁不只是春华秋实，更是你方唱罢我登场：早花的球根植物下场后，是争奇斗艳的开始，而后登场的种头展现的是另一番景象，摇曳在雾气与寒霜中的枯枝败叶更是将凋零美学描绘得淋漓尽致。皮特·奥多夫是排演这一多幕剧的行家里手，他精心打造的植物组合正如群舞中的舞者，在不同时间呈现不同的构成，如荷兰辛格拉伦博物馆花园（Singer Laren Museum Garden），用传统的块状种植方式（除中间一块采用了奥多夫最为特色的基质种植）呈现出人意料的植物组合（图 8-3）。

更长时间维度的四时变迁则可以实现群落稳定：这需要在种植初期为不同植物的成年体量留出余地，利用短生命周期的一二年生植物填充空隙，从而预判最终的植物组合与愿景。另外，群落在形成的过程中更是"险象丛生"，随时有被意外的植物占领领地的可能，需要精心养护，随时拔除入侵的杂草。

更长的时间跨度中，花园可能会物是人非，一些历史上曾经辉煌的花园现已经年久失修，在经过论证、允许进行重新设计改造的前提下[⊖]，近自然种植可能为它们带来新生。查尔斯·巴里（Charles Barry）位于特

[⊖] 《威尼斯宪章》第九条中指出："修复过程是一个高度专业性的工作，其目的旨在保存和展示古迹的美学与历史价值，以尊重原始材料和确凿文献为依据。一旦出现臆测，必须立即予以停止。此外，即使如此，任何不可避免的添加都必须与该建筑的构成有所区别，并且必须要有现代标记。在任何情况下，修复之前及之后必须对古迹进行考古及历史研究。"花园改造也需要遵从该原则。

伦特河（Trent）河畔的特伦特姆花园（Trentham）经过改造，成为欧洲当代近自然多年生植物运动的里程碑式作品，坐落在广阔的维多利亚意大利式花坛内（图 8-4）。新的特伦特姆花园平衡了花坛露台的宏伟形式与符合生态原则的现代种植，两者之间的戏剧性对比在盛夏尤其强烈，此时的植物似乎冲破了花坛几何形状的限制㊀。

第二节　植物园：摆脱精致化的牢笼

意大利因山地地形而造就的台地园在园林史中独树一帜，却令人忽略了意大利园林的另一组分：林地。无论是大名鼎鼎的贝斯科花园（Bosco Garden），还是别墅山地园中存在感颇低的林地，都体现着"园林—风景"在西方风景园林体系中的并置关系（不同于我国风景与园林阴阳耦合的关系）。法国的巴洛克园林轴线连接着精致的花园和粗犷的公园林地；英国风景园由哈哈墙分割趣园（Pleasure Garden）和以田园牧歌为特色的乡村风景，哈哈墙见证着花园到（自然）风景的过渡，这种精心设计的序列长存在西方风景园林史中。西方统治阶级或贵族收集世界各地的植物，以此发展而来的植物园同样是在这个精致与粗放、园林与风景的框架之中的。因此，在当代，除去如收藏品般被特殊安置的单株植物外，摆脱精致化的牢笼，近自然地展示植物群落并一定程度上允许物种角逐生态抉择的发生，是植物园应肩负的责任。

邱园（Kew Garden）作为笔者涉足过的、最为精彩的植物园之一，将精致园艺与近自然种植两个极端都发挥得淋漓尽致。从空间相对独立、质感鲜明的园中园过渡到粗放近自然的群落，整个植物园异彩纷呈、毫不死板，虽未有哈哈墙明确分割，却昭示了风景—园林结构的一脉相承（图 8-5）。不止邱园，位于柏林潘科区（Pankow）的人民公园植物园（Botanischer Volkspark Blankenfelde-Pankow）则是利用了一条近自然种植的条带，将精致园艺和粗放自然联系了起来，暗示了风景—园林的关联，为植物园注入了不一样的氛围（图 8-6）。

植物园的设计并不是一定要恪守恩格勒（Engler）、哈钦松（Hutchin-

㊀　Tom Stuart-Smith. Trentham [EB/OL]. https://www.tomstuartsmith.co.uk/projects/trentham. [2024.4.21]。

son）系统，按照大洲、国家、地区划分体系，关键在于通过极其丰富的植物材料营建场所，而近自然种植就为植物园的设计指出了精致化以外的另一种选择。

第三节　公园：本土与自生植物的 2 种种植思路

公共空间（如公园）的种植设计在植物的物种选择方面一直充斥着不同的立场与原则，众说纷纭。一些设计师更重视植物外在的特征，因其与设计期望表达的愿景更加紧密，比如大叶植物所带来质感及其与湿润气候相得益彰，再如成片的观赏草点缀白色花卉提供诸如浪花、波浪等意象的联想；另一些则更青睐植物内部的社会关系，相较外观，更强调植物"性格"的和谐。一种立场坚持要求使用本土植物；另一种则认为外来植物是创新必不可少的材料。对于"本土"的认识亦分广义和狭义，对场地本身的忠实和因微气候而进行的量体裁衣，都表达了对"本土"的狭义理解。这种看似老生常谈的论调，却是设计师有意识地、创造性地实现其"立场"与"作品呈现"相统一的必要思考。就"本土"与"本场地"、关注"植物外貌"与"植物内在关系"而言，荷兰阿姆斯特尔芬（Amstelveen）的"本土公园"与德国柏林的三角地铁路公园就代表 2 种不同的设计思路。

荷兰的"本土公园"位于阿姆斯特丹南部的阿姆斯特尔芬（图 8-7）。荒原和沼泽在 19 世纪和 20 世纪初属于核心景观概念，当初公园选址于营养成分较低的沼泽地，所以选择了荷兰荒原的风景图像作为设计愿景。顺理成章地，本土植物就成为首选，用以强化景观意象。"本土公园"的设计概念于 1939 年提出，以威利·兰格（Willy Lange）的理论为基础。他提出群落设计的物种选择不应该严格根据植物的社会学关系进行，而应以植物面貌为导向，即在设计中将植物的"生理"特征刻意夸大[⊖]。

或许是因为柏林财政一度吃紧而造成公共空间的植物被粗放养护，逐步形成"粗野"的种植风格，使自生植物的应用（见第三章第二节）在此

⊖ Karl-Foerster-Stiftung. Heemparks [EB/OL]. https://www.ulmer.de/beispiel-gaerten/heemparks/160708.html?UID=0CC8BAA52371DF60AF7616EEFED-97C155E47A89D9760BC. [2024.4.21].

地备受推崇。德国柏林的三角地铁路公园强调场地"自生植物"（除铁轨外的场地精神代表）的重要性，突出"野性"的种植理念（图 8-8），还设计了几组对比效果：草甸与草坪，荒野式的种植形式与设计式的种植形式，先锋树林（桦树等）与园景树等[⊖]。

第四节　保护地与城市边缘：自然的渗透

尽管对于城市而言，园林化的和近自然的种植均有用武之地，但对于接近自然的保护地或者城市边缘而言，似乎近自然种植更为顺理成章，否则园景树的贸然出现会显得格格不入，这就需要将自然力和人工力的天平向自然一侧倾斜。重要的是我们要能够发现、理解保护地中整体和局部的生态关系，从而更有意识地帮助自然进行调整。对于城市边缘的建设，更需要我们去接受、包容那种与高度城市化密集区相左的近自然氛围。不同于高楼林立的城市核心区寸土寸金精致的"口袋花园"，保护地与城市边缘更容易实现自然的渗透。

不论是基于自然还是文化的保护地，除了严格保护的区域外，其他地方都是需要一定人工干预的，近自然种植无须突显任何以观赏价值占据上风的植物，重点在于帮助脆弱的生境得到改善。瑞士的维泽风景公园（Landschaftspark Wiese）以改善维泽河的生态环境为契机，保护动植物栖息地和农田，同时确保饮用水的供给。风景公园中的贫瘠草地看似没有肥沃草甸欣欣向荣，但两者作为不同物种的生活空间同等重要，况且贫瘠草地因其岌岌可危、濒临灭绝，更值得被研究与保护（图 8-9）。

位于城市群社区[⊖]（Agglomeration）的沃尔克茨维（Volketswil）介于风景与社区居住点之间，格里斯公园（Griespark）突出了近自然的设计理念，打破了"居住小区"精致的刻板印象，选择把丛生的杂草、粗犷砾石坑等作为景观。质朴的色彩和非园林树种的应用都进一步强化了这种氛围（图 8-10）。

⊖　Leonard Grosch, Constanze A. Petrow. Parks entwerfen: Berlins Park am Gleisdreieck oder die Kunst, lebendige Orte zu schaffen [M]. Berlin: JOVIS. 2015: 47-48。
⊖　城市群社区（Agglomeration）由市域与其城郊边缘地带或紧邻的外部地区组成。来源：United Nations Statistics Division [EB/OL], https://unstats.un.org/unsd/demographic/sconcerns/densurb/densurbmethods.htm [2024.04.20]。

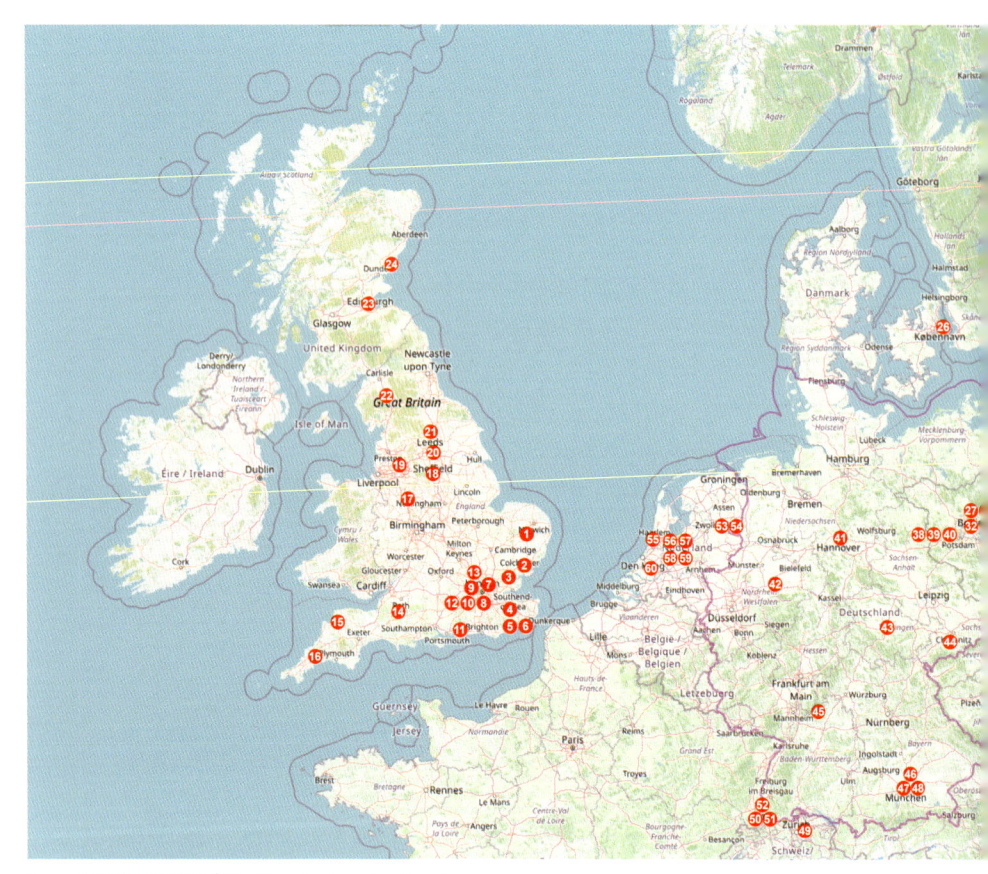

1	布雷辛厄姆花园（The Bressingham Gardens）
2	贝丝·查托的植物和花园（Beth Chatto's Plants & Gardens）
3	皇家园艺学会海德厅花园（RHS Garden Hyde Hall）
4	西辛赫斯特城堡花园（Sissinghurst Castle Garden）
5	大迪克斯特之家（Great Dixter House）
6	邓杰内斯（Dungeness）
7	伦敦伊丽莎白女王奥林匹克公园（Queen Elizabeth Olympic Park, London）
8	麦吉中心（Maggie's Centre）
9	伦敦邱园皇家植物园（Kew Royal Botanic Gardens, London）
10	皇家园艺学会威斯利花园（RHS Garden Wisley）
11	芒斯特德·伍德（Munstead Wood）
12	伯里庭院（Bury Court）
13	汤姆·斯图尔特-史密斯有限公司（Tom Stuart-Smith Ltd.）
14	豪瑟与沃斯（Hauser & Wirth）
15	皇家园艺学会罗斯莫尔花园（RHS Garden Rosemoor）
16	伊甸园计划（Eden Project）

图 8-1　近自然种植实践地图　图片来源：© Open Street Map（作者改绘）

17　特伦特姆花园（Trentham Gardens）
18　谢菲尔德植物园（Botanical Gardens, Sheffield）
19　皇家园艺学会布里奇沃特花园（RHS Garden Bridgewater）
20　赫普沃斯·韦克菲尔德（The Hepworth Wakefield）
21　哈洛·卡尔皇家园艺学会花园（RHS Garden Harlow Carr）
22　劳瑟城堡和花园（Lowther Castle and Gardens）
23　爱丁堡本莫尔植物园（Benmore Botanic Garden, Edinburgh）
24　霍斯皮特菲尔德西路（Hospitalfield House Westway）
25　恩雪平阿加坦公园（The parks of Enköping Agatan, Enköping）
26　哥本哈根 Noma 餐厅（Noma, København）
27　柏林布里茨花园（Britzer Garden, Berlin）
28　柏林世界花园（Garten der Welt, Berlin）
29　柏林三角铁路公园（Park am Gleisdreieck, Berlin）
30　柏林舍讷贝格南部地区自然公园
　　（Natur Park Schöneberger Südgelände, Berlin）
31　柏林滕珀尔霍夫机场（Tempelhofer Field, Berlin）
32　柏林人民公园植物园（Botanischer Volkspark Berlin, Berlin）
33　柏林萨维尼广场（Savignyplatz, Berlin）
34　柏林工业大学皇家花园学院下沉花园
　　（Königliche Gartenakademie, Senkengarten TU Berlin）
35　柏林蒂尔加滕的干草原花园（Steppengarten im Tiergarten, Berlin）
36　柏林北站公园（Nordbahnhof Park, Berlin）
37　柏林新草甸（Neue Wiesen, Berlin）
38　波茨坦人民公园（Volkspark, Potsdam）
39　波茨坦卡尔·福斯特花园（Karl Foerster Garten, Potsdam）
40　波茨坦友谊岛（Freundschaftsinsel, Potsdam）
41　汉诺威山地花园（Berggarten, Hannover）
42　哈姆马克西米利安公园（Maximilianpark, Hamm）
43　爱尔福特 Ega 公园（Egapark, Erfurt）
44　奥尔斯尼茨公民和家庭公园（Bürger- und Familienpark, Oelsnitz）
45　魏因海姆赫尔曼斯霍夫植物分选园
　　（Schau- und Sichtungsgarten Hermannshof, Weinheim）
46　弗赖辛魏恩史蒂芬分选园（Sichtungsgarten Weihenstephan, Freising）
47　慕尼黑西园（Westpark, München）
48　慕尼黑里姆公园（Riemer, München）
49　沃尔克茨维尔格里斯公园（Griespark, Volketswil）
50　巴塞尔维泽风景公园（Landschaftspark Wiese, Basel）
51　巴塞尔埃伦马特公园（Erlenmattpark, Basel）
52　莱茵河畔威尔维特拉校区奥多夫花园
　　（Oudolf Garden in Vitra Campus, Weil Am Rhein）
53　德德姆斯瓦特米恩·鲁伊斯花园（Gardens Mien Ruys, Dedemsvaart）
54　普里奥娜花园（Priona Gardens）
55　蒂耶斯的农场（Thijsse's Hof）
56　阿姆斯特尔芬本土公园（Heemparks, Amstelveen）
57　辛格拉伦博物馆雕塑花园
　　（Singer Laren Museum, Theatre and Sculpture Garden, Laren）
58　乌得勒支马克西玛公园弗林德霍夫（Vlinderhof, Máximapark, Utrecht）
59　乌得勒支大学植物园（Utrecht University Botanic Gardens）
60　鹿特丹勒夫胡夫德公园（Leuvehoofd Park, Rotterdam）

近自然种植设计：从原理到应用

图 8-2 德国花园展地图（截至 2035 年）　图片来源：© Open Street Map（作者改绘）

1	2024: 巴特迪伦贝格（Bad Dürrenberg）
2	2024: 基希海姆（Kirchheim）
3	2025: 弗罗伊登施塔特/拜尔斯布龙（Freudenstadt/Baiersbronn）
4	2025: 森林里的菲尔特（Furth im Wald）
5	2025: 谢尔丁（Schärding）
6	2026: 奥巴特施莱马，萨克森（Aue-Bad Schlema, Sachsen）
7	2026: 巴特嫩多夫（Bad Nenndorf）
8	2026: 莱纳菲尔德-沃比斯（Leinefelde-Worbis）
9	2026: 诺伊斯（Neuss）
10	2026: 施韦因富特（Schweinfurt）
11	2027: 贝格卡门-吕嫩（IGA Bergkamen-Lünen）
12	2027: 卡斯特罗普-劳克塞尔-雷克林豪森（IGA Castrop-Rauxel-Recklinghausen）
13	2027: 多特蒙德（IGA Dortmund）
14	2027: 杜伊斯堡（IGA Duisburg）
15	2027: 盖尔森基兴（IGA Gelsenkirchen）
16	2027: 格德恩（Gedern）
17	2027: 尼达（Nidda）
18	2027: 肖特恩（Schotten）
19	2027: 比丁根（Büdingen）
20	2027: 希尔岑海因（Hirzenhain）
21	2027: 葡萄酒大街上的诺伊施塔特（Neustadt an der Weinstraße）
22	2027: 巴特乌拉赫（Bad Urach）
23	2027: 巴特温茨海姆（Bad Windsheim）
24	2027: 维滕贝格（Wittenberge）
25	2028: 彭茨贝格（Penzberg）
26	2028: 奥尔拉河畔诺伊施塔特（Neustadt an der Orla）
27	2028: 珀斯内克（Pößneck）
28	2028: 特里普蒂斯（Triptis）
29	2029: 莱茵河中上游河谷（BUGA Oberes Mittelrheintal）
30	2029: 根茨堡（Günzburg）
31	2029: 奥尔巴赫/沃格特尔（Auerbach/Vogtl.）
32	2029: 罗德维施（Rodewisch）
33	2029: 法伊欣根/恩茨（Vaihingen/Enz）
34	2030: 阿尔滕堡（Altenburg）
35	2030: 纽伦堡（Nürnberg）
36	2031: 布雷特恩（Bretten）
37	2031: 施罗本豪森（Schrobenhausen）
38	2032: 朗根岑（Langenzenn）
39	2033: 本宁根/马尔巴赫（Benningen/Marbach）
40	2035: 里德林根（Riedlingen）

图 8-3　荷兰辛格拉伦博物馆花园，作者自摄，拍摄时间：2024 年 5 月 12 日

辛格拉伦成立于 1956 年，旨在展示和保存美国艺术家威廉·亨利·辛格（William Henry Singer，1868—1943）及其妻子安娜（Anna，1873—1962）的艺术收藏；它于 2017 年进行了一次重大重建，当时皮特·奥多夫受邀设计新花园，以连接博物馆和剧院的各个部分并创造可以展示当代雕塑的空间⊖。

⊖ Rosie Aktins et al. Piet Oudolf at work [M]. London: Phaidon Press Limited. 2023:167。

博物馆的庭院是花园的主要部分，分为 12 个大小和形状略有不同的植床，见①。②展示了中央植床中应用的小型基质种植。其他各处如③，都采用块状种植和散植。

图 8-3　荷兰辛格拉伦博物馆花园，作者自摄，拍摄时间：2024 年 5 月 12 日（续）

此外，针对不同的雕塑，如④和⑤，奥多夫用不同高度的植物对其进行烘托，不强调种植构图且弱化色彩强度。应对光照不足的地块，则按照植物肌理的对比和韵律来组织耐阴植物（⑥⑦）。⑧展示了花园在春季植物尚未全部绽放时进行的施肥养护。

第八章 践习｜近自然种植案例项目解读（欧洲部分） 123

①

图 8-4　特伦特姆花园，除③和④拍摄为刘津宁外，其余均为作者自摄，拍摄时间：2024 年 9 月 14 日

特伦特姆很特别，它曾号称是英国最豪华的宅邸，被英国最富有的家族所拥有，如今却时过境迁，已成废墟，它辉煌的岁月也因工业革命而终结。特伦特姆花园和林地几经改造，其中不乏布朗的手笔，而在 1996 年后，近自然种植使得荒废的花园耳目一新。

第八章　践习｜近自然种植案例项目解读（欧洲部分）　125

意大利花园分为上下两层，由汤姆·斯图尔特·史密斯主笔。①与②下层为近自然种植的空间场景和细节设计，除与规则几何种植形成鲜明对比外，还随着场地逐步过渡到湖边而更换耐水湿程度更高的植物种类㊀。③展示的是为斯图尔特·史密斯的未来计划休养生息的场地。

㊀　Jon Asbury. Trentham [M]. Peterborough: Jarrold Publishing. 2024: 45。

❺

图 8-4　特伦特姆花园，除③和④拍摄为刘津宁外，其余均为作者自摄，拍摄时间：2024 年 9 月 14 日（续）

位于意大利花园以东的趣园（Pleasure Grounds）以及 120 m 长的长花境（④）则是由皮特·奥多夫设计，其中趣园包括⑤展示的成片疏朗的群植草河，该观赏草高度齐胸，随风摇曳；⑥中最高至 2.4 m 茂密的花丛迷宫被分为 32 个花床，构图色调大胆，通往精心布置的林间空地[⊖]。

[⊖] Jon Asbury, op. cit, 2024: 65。

第八章 践习｜近自然种植案例项目解读（欧洲部分） 127

图 8-4　特伦特姆花园，除③和④拍摄为刘津宁外，其余均为作者自摄，拍摄时间：2024 年 9 月 14 日（续）

意大利花园的上层部分忠实地再现了典型的意大利风格，⑦展现了围绕中心水池规则种植的布局及对称的种植。

林地中的种植也是不容忽视的,由奈杰尔·邓尼特主持。最为突出的是湖两侧分别种植了林下耐阴(⑧)和喜阳(⑨)的草甸。

图 8-5　邱园，作者自摄，其中①②⑥⑨⑩⑪拍摄时间为 2017 年 5 月 27 日；其余为 2024 年 9 月 10 日

邱园是英国皇家植物园，其收藏的植物种类多达 5 万种，是当之无愧的植物园天花板。①②展示的是邱园中精湛的园艺与花园艺术，猪笼草雕塑般的体态犹如艺术品，而悉心打造的卵石铺地及精细修剪的女王花园体现了其精致的花园建设与养护水平。

③的大花境更是英国乃至世界的花镜典范，长达 320 m，共 8 个大花床，展示了不同科的植物。作为园中园的草园（④），园中种植了大约 300 种观赏草，每年 2 月修剪后，从 5 月到冬季，会展现从绿色到金色的变化。

第八章 践习 | 近自然种植案例项目解读（欧洲部分）　131

图 8-5　邱园，作者自摄，其中①②⑥⑨⑩⑪拍摄时间为 2017 年 5 月 27 日；其余为 2024 年 9 月 10 日（续）

阿吉斯进化花园（Agius Evolution Garden）旨在揭开每个物种独特 DNA 中的秘密，探索最近在物种之间发现的新的、令人惊讶的联系（⑤）。模仿世界山地植物的岩石园（⑥）始建于 1882 年，小瀑布流淌在砂岩塑造的立体空间之中。

树林花园（⑦）的林下种植浓缩了肌理不同、色调相似的地被层，这与邱园中自然区域的林地形成了鲜明的对比：见 P134⑧⑨。

❽

❾

第八章 践习｜近自然种植案例项目解读（欧洲部分） 135

图 8-5 邱园，作者自摄，其中①②⑥⑨⑩⑪拍摄时间为 2017 年 5 月 27 日；其余为 2024 年 9 月 10 日（续）

⑧⑨中成片的自然林地结合探索自然的栈道或游戏设施的林地。⑩⑪展示的蜂巢构筑物下的播种草甸以及草园中间小块的近自然种植花床都可以视为"花园"和"风景"之间的过渡。

图 8-6　柏林潘科区的人民公园植物园，作者自摄，除①②拍摄时间为 2024 年 8 月 11 日外，其余均为 2017 年 10 月 21 日

第八章　践习 | 近自然种植案例项目解读（欧洲部分）　137

❸

❹

这个植物园中大面积的农田景观与传统的植物园风格迥异，①的花境引导人流至花园中最为重要的植物温室（③），而②中的花境则连接了精细的花园（④）、粗犷的农田（⑤）与湖泊（⑥）等风景。木本植物并未按照科属或其他如地域、科学系统等进行分类，而是呈现近自然的组团布局（⑦⑧）。除此之外还有若干用于科普教育的场地以及用于农作体验的花园（⑨）。

❺

❻

第八章 践习｜近自然种植案例项目解读（欧洲部分） 139

图 8-6 柏林潘科区的人民公园植物园，作者自摄，除①②拍摄时间为 2024 年 8 月 11 日外，其余均为 2017 年 10 月 21 日（续）

图 8-7　荷兰阿姆斯特尔芬 的"本土公园",作者自摄,拍摄时间:2024 年 5 月 8 日

或许阿姆斯特尔芬的"本土公园"并不是设计得最为有创意的花园,甚至出现了断头路等一般公园难以接受的设计缺陷,但是它绝对是笔者见过最接近自然的花园,似乎在展示一个又一个小小生态圈。

路缘林下的植被群踏着节奏变化,成片的马赛克种植(①)抑或单一种植(②)交替出现,彼此保持独立的稳定,很明显是有意识地进行种植。同样,在开敞空间,区分了林间空地(③)和临水耐湿的植物群落(④)。

图 8-7 荷兰阿姆斯特尔芬的"本土公园",作者自摄,拍摄时间:2024 年 5 月 8 日(续)

以运河闻名于世的荷兰,设计中自然少不了水元素。不论是集中水域周边勾勒的乔木林冠线(⑤),还是探向宽窄不同运河边的灌木或蕨类植物(⑥⑦),都为场所带来了自然的氛围感,它们栖息于此,等待自己的花期,传播自己的种子,延续自己的生命。⑧即是春季熊葱绽放的样子。

8

图 8-8 德国柏林的三角地铁路公园，作者自摄，①③拍摄时间为 2015 年 6 月 5 日；⑦拍摄时间为 2023 年 11 月 4 日；②为 2024 年 6 月 29 日；其余拍摄时间为 2024 年 10 月 6 日

该公园是后工业景观改造中的重要案例，由德国顶尖的 Atelier Loidl 事务所历经 9 年的设计与建设，于 2015 年与公众见面。

第八章 践习｜近自然种植案例项目解读（欧洲部分）　　145

该公园的种植设计体现了自生植物的特点，突出"野性"的种植理念，①与②中运用大块砾石作为自生植物的植床覆盖物是突出这一理念的特色作法；本着粗放养护的宗旨，可以看出砾石种植床从 2015~2024 年的变化。不论是③中的疏林草地，还是④中的乔灌木结合，都以园景树为主体；而⑤中的桦树，作为先锋树种，与园景树形成了对比。⑥明确通过木桩和标识区分了草坪和草甸，⑦更是可以看出两者的区别。除此之外，还划清了允许被探索（⑧）和禁止踏入（⑨）的城市荒野林地的界限。

图 8-8 德国柏林的三角地铁路公园，作者自摄，①③拍摄时间为 2015 年 6 月 5 日；⑦拍摄时间为 2023 年 11 月 4 日；②为 2024 年 6 月 29 日；其余拍摄时间为 2024 年 10 月 6 日（续）

第八章 践习 | 近自然种植案例项目解读（欧洲部分） 147

图 8-9　维泽风景公园，作者自摄，拍摄时间：2022 年 5 月 11 日

维泽风景公园是以维泽河命名的保护地（此处的维泽是河流的名称，与"草甸"无关），面积达 600 hm²，服务周边 28 万居民，自 1997 年由巴塞尔市、里恩（Riehen）和莱茵河畔魏尔（Weil am Rhein）三方共同发展。其中包括饮用水供给、动植物栖息地和农田多种职能。

①为风景公园中的"贫瘠草地"：该种草甸是中欧地区濒临灭绝的自然草甸类型之一，因为大多草甸都已经转换成了肥沃的草甸。然而这种贫瘠草甸中有着丰富的物种群落，这是由于营养物质供应不足限制了物种的传播，而多样化的植物成为许多昆虫和鸟类的食物来源。贫瘠草甸的创建需要准备好营养物质有限的底土（若营养过剩则需要掺入沙子、砾石等），否则随着时间的推移，播

第八章 践习｜近自然种植案例项目解读（欧洲部分） 149

种的植物将会被快速生长的肥沃草甸植物所取代。贫瘠草甸的建设需要耐心，通常要 50~150 年的时间才能发展起来，播种贫瘠草甸的种子虽然可以加速这一过程，但是若要形成稳定、适应当地特点的植物群落，仍需要若干年的时间。在阳光充足的地方，贫瘠草甸可以形成花朵丰富的区域，每年只需要割草 **1~2** 次进行养护。

②为维泽河。

③是调节地下水的注水设施。为了补给地下水，将水从莱茵河中抽出并通过 **11** 个注水设施轮流倒入森林地面（**10** 天注水，**20** 天晾干），从而利用森林土壤为水源过滤。生活在土壤中的微生物能净化渗透水，这种注水的频率保证了微生物有足够的氧气，使得土壤能够保留其自然分解过滤物质与细菌的能力。

图 8-9　维泽风景公园，作者自摄，拍摄时间：2022 年 5 月 11 日（续）

④为风景公园中的农田。

第八章 践习｜近自然种植案例项目解读（欧洲部分） 151

⑤为自然体验场地。

⑥为儿童运动场。风景公园不仅是动植物栖息地，也是人类休闲游憩的场所，公园还为不同年龄阶段的青少年提供了特定的运动的场地。

图 8-9　维泽风景公园，作者自摄，拍摄时间：2022 年 5 月 11 日（续）

⑦是风景公园中的近自然设计，包括死木和石冢，这为岩蜥、大蟾蜍、红尾大黄蜂、白鼬、穗䳭等动物提供了生活空间。

第八章 践习｜近自然种植案例项目解读（欧洲部分）

⑧为保护区域中的蜂巢。

⑨是保护区中的池塘，其中有欧洲树蛙。

图 8-10　格里斯公园，作者自摄，拍摄时间：2011 年 6 月 29 日

沃尔克茨维是典型的苏黎世城市群社区。风景和城市居住点之间界限模糊，占地 14 hm² 的格里斯公园有助于控制过度建设，公园以"过渡"为设计主题，包括了（农村）共有地（Allmend）、乡镇（Gemeinde）广场、体育设施、游乐场和水域。在其空间秩序和设计中，它连接了城市和文化景观。

基于冰川形成的景观和早期的砾石开采，公园被锚固在城市居住点边缘的原始岩石地形上。粗犷的公园景观重塑了以前的砾石矿区，但由于水的主题和植物的选择，它呈现出杂草丛生的砾石坑的脆弱魅力。

第八章 践习 | 近自然种植案例项目解读（欧洲部分）　　155

这种杂草丛生的砾石坑与刻板印象中的居住环境并不相同，但位于风景与城市的过渡地段，更像是自然的渗透，呈现为一种更近自然的生活空间，也反映出当地居民对这种粗犷但自然的景观的接受度。

图中大量展示了湖区与砾石的搭配及人工雕刻出的分割道路的天然挡土墙（①②③）。

④

图 8-10 格里斯公园，作者自摄，拍摄时间：2011 年 6 月 29 日（续）

种植规避了典型的园林树种，选择荒野地区典型的本地树种，形成矮林、林荫空间并引导人们望至阿尔卑斯山的视野（④⑤⑥）。儿童游戏场等设施也有意识地避免了大面积的鲜艳色彩，表现温和、自然朴素的氛围。

第八章 践习｜近自然种植案例项目解读（欧洲部分） 157

❺

❻

图 8-10　格里斯公园，作者自摄，拍摄时间：2011 年 6 月 29 日（续）

此外，这里还可以观察到对农田具有积极保护作用的草甸条带。农田边缘往往需要若干米宽的本地草本耕作伴生物种种植带，减少杀虫剂的使用，这样不仅能够使动物可以找到食物，提高生物多样性，还能有效吸引蜜蜂传粉（⑦⑧⑨）。常见的耕作伴生植物如矢车菊与数量急剧减少的如夏侧金盏花等。

第八章 践习｜近自然种植案例项目解读（欧洲部分）　　159

第九章
总结与展望

我国当下的草本植物应用随着各地园林展会的举办和公共空间的建设而迅速发展，育种驯化的成功也使得植物材料愈发丰富，种植效果得以大大提升。美学理论的应用、注重各类植物观赏期的搭配，使得四季景致变化的动态效果得以崭露头角。未来的探索不止于外在形式的模仿而是借鉴西方近自然种植的理论与实践已有成果。当然，亦不可将他国的理论奉为金科玉律，墨守成规，而应大胆尝试基于我国自身情况的近自然种植，对丰富全球近自然种植的多样性是十分有意义的。下文将基于上述内容，总结 10 条近自然种植的核心论纲，探讨从草本种植到木本种植的演绎以及从近自然种植到近自然设计的拓展。

第一节　近自然种植的 10 条核心论纲

结合上述的理论学习与项目践习，将前言中指出的近自然种植的主张具体化，得出以下 10 条近自然种植的核心论纲，作为本书的总结。

1）**近自然种植追求的目标并非只是"看上去自然的"，而是科学地借鉴自然，处理群落物种的种间关系。**因此，需要弱化植物观赏角度的设计思考，强调从植物生存、繁衍策略的角度来组织它们的社会关系。

2）**近自然种植是区别于精致化园艺的另一种表达，不以争奇斗艳的繁花锦簇作为唯一的审美标准。**养精蓄锐甚至落寞衰败是植物生长过程中的必然，然而芳华已过的它们不仅可以衬托、让位其他植物，枯萎也同样可以被欣赏。

3）**近自然种植是自然力与人工力的平衡。**既有对植物习性和群落关系的科学研究，也有人为的甄选、美学的加持。

4）**启发近自然种植的自然原型是标明了具体属性的群落生境。**自然原型的选取不可停留在宏观的景观类型（如森林、草原）、广阔的地域范围（如华北、川南）或模糊的空间位置（如林缘、林下）上。

5）**人工力的体现是艺术化的表达，创新的设计可以基于不同应用类型有序叠加。**从人工力主导的图案种植，到深谙植物习性 —— 平衡人工力与自然力，再到多重自然力做功的混合种植，都可通过叠加创造新的设计语言。

6）**近自然种植在花园设计上的应用更倾向于设计师的个人艺术表达，为遗产园林的保护提供新思路。**对于一些遗产保护的项目，在不违背《威尼斯宪章》的前提下，近自然种植创造的新景象是为建筑遗产带来新生的契机。

7）近自然种植在开放空间中的应用应更关注场地本身，目标是植物群落的长期驻扎与演替。以公园为代表，但不局限于公园的绿地，在依托近自然种植的理念进行设计时，场地本身的特征及为植物提供的微气候与小环境是决定近自然种植具体方案的关键。

8）近自然种植富有野性意趣，但其源自场地自生植物的应用，不同于以生态修复为目标的再野化。自生植物作为场地本身的重要特征，为设计中的植物种类选择提供了素材。

9）近自然种植在（自然）保护地（包括农田）和城市边缘区的郊野公园中具有很大潜力。与花园设计相对，位于（自然）保护地和城市边缘区的郊野公园中的近自然种植应更倾向于自然一方，以科学的研究为前提，更多偏重考量植物的生态关系。

10）近自然种植追求粗放养护，但养护和管理对长期维护设计效果至关重要。近自然种植的养护方案需要在设计之初就制定完毕，在养护阶段进行动态调整以适应新状况的发生。

第二节　从草本种植到木本种植的演绎

西方（这里主要指北欧、中欧、西欧等地区）的木本植物资源与我国相比，丰富度远不能及；但草本植物的培育、应用则更为超前，近自然种植的理论研究可以追溯至近百年前的先驱。因此，能否以西方草本植物设计积累的经验为纲领，演绎木本植物？事实上，应用时根本无须区分草本植物与木本植物！

就应用类型而言，草本植物与木本植物是可以互相借鉴的。最初的块状种植可以在西方的传统花园中找到：修剪的木本绿篱块。前文提到，块状种植可以由几种物种形成，而西方古典园林中的绿篱也不只由一种物种构成，通常是由红豆杉、鹅耳枥、挪威槭等多种树种共同组成的（图9-1）。图9-2为丹麦哥本哈根大学南校区中的桦树阵，区别于有明显

图 9-1　由多种树种组成的绿篱：凡尔赛花园，作者自摄，拍摄时间：2022 年 7 月 26 日

图 9-2　块状种植：丹麦哥本哈根大学南校区中的桦树阵，作者自摄，拍摄时间：2019 年 4 月 28 日

网络结构的阵列种植，是乔木的块状种植应用。此外，西方古典园林中常见的整齐树阵正是阵列种植的典型，在当代设计中也是屡见不鲜，其设计同样不拘泥于某一种树种，而是有意通过物种互补，丰富景观效果。图 9-3 是巴黎杜乐丽花园（Jardin des Tuileries）中的樱花、山毛榉树阵组合模式图，两种树穿插布局，实现互补的阵列。对于渐进种植而言，当然也可以在种植园的中心种植某类渐进植物并期待其逐渐"溶解"在边缘，对于垂直绿化而言，也可以从上至下、从下至上用不同的藤本植物相互渗透（图 9-4）。

图 9-3　物种互补的阵列种植：巴黎杜乐丽花园樱花、山毛榉树阵组合模式图，作者自绘

图 9-4　渐进种植：德国杜伊斯堡莱茵公园，作者自摄，拍摄时间：2018 年 9 月 24 日

借鉴的自然原型本身就是由草本植物与木本植物共同体现的，木本植物更是呈现自然原型十分重要的材料。"印第安夏天"作为混合种植的组合，其灵感主要来源于明亮温暖的色彩：金黄色、红褐色和橙红色的花朵配以白色的点缀，与紫色的叶子相得益彰。其草本构成是由北美草原的宿根植物和具有魅力色彩的观赏草混合而成。而擅长以"森林"为自然原型的瑞士景观设计事务所 Westpol 同样选择了"印第安夏天"作为位于巴塞尔的梅雷特·奥本海姆广场（Meret Oppenheim-Platz）的设计主题，通过木本植物在色彩层面点题，本土和外来物种相映成趣（图 9-5）。2024 年德国拜仁州（Bayern）慕尼黑附近基希海姆（Kirchheim bei München）的花园展中临近居住区一侧入口的"苹果树-观赏草-多年生草本-匍匐型地被的组合"作为核心搭配重复出现，塑造了场地的特色，也可以视为结合木本植物的近自然种植实践（图 9-6）。

图 9-5 "印第安夏天"：巴塞尔梅雷特·奥本海姆广场，作者自摄，拍摄时间：2022 年 5 月 13 日

图 9-6　2024 年德国拜仁州慕尼黑附近基希海姆的花园展，作者自摄，拍摄时间：2024 年 7 月 14 日

第三节　从近自然种植到近自然设计的拓展

首先需要指出的是，"立场"是高于"风格"的设计意识：立场是输出观点与主张的立足点；风格是材料所塑造的空间及材料各种品质的构成所反映出的具体格调。本书所讲的近自然种植是一种设计立场，因此不拘泥于是野趣的杂木风、花团锦簇的极繁风还是疏朗大气的简约风。当然近自然种植也只是众多种植理念中的一种，笔者同样接受诸如以创新热带雨林绿墙闻名、发明现代垂直水培花园的帕特里克·布朗克（Patrick Blanc）的种植话语（图 9-7）；认可将植物看作是构成材料以表达设计主题的主张，如迪特·基耶纳斯特的设计实践（图 9-8）；也不排斥诸如应用各类常绿植物和落叶植物组合"样板墓园"（图 9-9）等工业化产出的设计思路。

图 9-7 帕特里克·布朗克设计的现代垂直水培花园：德国柏林杜斯曼书店（Dussmann），作者自摄，拍摄时间：2024 年 1 月 27 日

图 9-8 呼应"波浪"的设计概念，植物以对比明显的树种、树形配合地形的起伏，组织空间秩序：德国汉诺威（Hannover）会展中心，作者自摄，拍摄时间：2022 年 7 月 2 日

图 9-9　样板墓园，作者自摄，拍摄时间：2024 年 4 月 27 日

既然"近自然"是一种设计立场，其设计材料与对象亦毋庸局限于植物（林），还可以包括天然石材、土壤（山）及其塑造的水体（水），光、风雨雪等天气……多种设计要素的结合能够更加综合地烘托场所氛围、营造意境（如前文中的格里斯公园），这使近自然设计向现象学研究贴近。除此之外，场地所处的气候环境、土壤与地质条件等均可以为近自然设计提供自然原型；而物质材料是否局限于天然材料的讨论犹如本土与外来植物一样值得思考。为此，笔者将展开新的思考，敬请读者期待。

附录

近自然种植植物配比表

本书旨在指出近自然种植的原理与方法，并不关注具体的植物个体，如种、品种、变种或杂交种等，因此在标注近自然种植植物配比表中的植物拉丁学名和中文名时，并未指出配表中拉丁异名的正名。在翻译植物中文名的过程中，以 CUBG 联盟图片数据库为主要依据。这里声明：本书附录中涉及的植物均以拉丁学名为准。此外，未收录数据库的植物则仅定义到属名或种名，品种名一律保留原文字，未予以翻译。

附表 A 草坪植物配比表

拉丁名	中文名	占比
Agrostis capillaris	丝状剪股颖	5%~15%
Festuca rubra commutata	紫羊茅（Horstbildener Rotschwingel）	10%~30%
Festuca rubra trichophylla	毛叶羊茅	5%~15%
Festuca rubra rubra	紫羊茅（Rot-Schwingel）	5%~15%
Lolium perenne	黑麦草	5%
Poa pratensis	草地早熟禾	5%~15%
Achillea millefolium	蓍	0.2%
Centaurea jacea	棕矢车菊	0.2%
Daucus carota	野胡萝卜	0.1%
Galium verum	蓬子菜	0.1%
Leontodon autumnalis	秋狮苣	0.1%
Leucanthemum vulgare	滨菊	0.3%
Pimpinella saxifraga	虎耳草茴芹	0.1%
Plantago lanceolata	长叶车前	0.1%
Sanguisorba minor	多蕊地榆	0.1%
Lotus corniculatus	百脉根	0.2%
Medicago lupulina	天蓝苜蓿	0.1%

注：种植密度 20 g/m^2，每年修剪 1~3 次。

引用：Wolfgang Borchardt. op. cit. 1997: 186。

附表 B　柏林新鲜草甸植物配比表

拉丁名	中文名	占比	危险等级
Achillea millefolium	蓍	5%	
Anthoxanthum odoratum	黄花茅	10%	
Anthriscus sylvestris	峨参		
Campanula patula	散生风铃草	3%	RB: 3
Cardamine pratensis	草甸碎米荠	3%	RB: V
Carex praecox ssp. praecox	早发薹草	2%	
Centaurea jacea	棕矢车菊	3%	RB: V
Crepis biennis	二年生还阳参		RB: 3
Dactylis glomerata	鸭茅		
Daucus carota	野胡萝卜	5%	
Festuca pratensis	草甸羊茅	5%	
Festuca rubra ssp. rubra	紫羊茅	8%	
Galium album	白花拉拉藤	5%	
Galium verum ssp. verum	蓬子菜		
Helictotrichon pubescens	毛轴异燕麦		RB: 3
Heracleum sphondylium	欧独活		
Holcus lanatus	绒毛草	5%	
Knautia arvensis	田野孀草	3%	
Lathyrus pratensis	牧地山黧豆	3%	
Leontodon autumnalis	秋狮苣		
Leontodon hispidus ssp. hispidus	狮牙苣		RB: 3
Leucanthemum ircutianum	某滨菊属植物	5%	RB: V
Lotus corniculatus	百脉根	3%	
Malva alcea	蜀葵状锦葵	3%	RB: 3
Pimpinella major	大茴芹		RB: 3
Plantago lanceolata	长叶车前	3%	
Poa pratensis	草地早熟禾	8%	
Poa trivialis	普通早熟禾		
Ranunculus acris ssp. acris	高毛茛	5%	
Ranunculus repens	匐枝毛茛		
Rumex acetosa	酸模	2%	RB: V
Securigera varia	小冠花	5%	
Stellaria graminea	禾叶繁缕		
Tragopogon pratensis	婆罗门参	3%	
Trifolium pratense	红车轴草		
Vicia angustifolia	窄叶野豌豆	3%	
Vicia cracca	广布野豌豆		

注：1. 建议播种密度：4 g/m^2。
2. 粗体字：主要品种（特别适合的典型品种）。
3. 不含百分比的物种：必要时可添加的其他伴生物种（尤其是在混合物中没有其他物种的情况下）。
4. RB：柏林州维管植物红色名录（PRASSE 等，2001 年）；0 = 已灭绝或消失；1 = 濒临灭绝；2 = 极度濒危；3 = 濒危；G = 濒危，但无濒危等级；R = 极为罕见；V = 正在减少，预警名单上的物种。

引用：Senatsverwaltung für Stadtentwicklung und Umwelt, Der Landesbeauftragt für Naturschutz und Landschaftspflege Berlin. op. cit. 2013: 26。

附表 C 柏林湿草甸植物配比表

拉丁名	中文名	占比	危险等级
Achillea ptarmica	珠蓍	3%	RB: 3
Alopecurus pratensis	大看麦娘	10%	
Angelica sylvestris	林当归	5%	
Caltha palustris	驴蹄草		RB: 3
Cardamine pratensis	草甸碎米荠	5%	RB: V
Cirsium oleraceum	后厨蓟	3%	RB: V
Deschampsia cespitosa (WF)	发草	10%	
Eupatorium cannabinum	大麻叶泽兰	5%	
Filipendula ulmaria	旋果蚊子草	5%	
Galium uliginosum (WF)	沼猪殃殃		RB: V
Geranium palustre (WF)	沼生老鹳草		RB: 3
Geum rivale (WF)	紫萼路边青	3%	RB: V
Holcus lanatus	绒毛草	8%	
Lotus pedunculatus	欧洲百脉根	5%	RB: V
Lysimachia nummularia (WF)	圆叶过路黄		
Lythrum salicaria (WF)	千屈菜	5%	
Molinia caerulea	天蓝麦氏草	10%	
Poa trivialis	普通早熟禾	10%	
Silene flos-cuculi (WF)	杜鹃剪秋罗	5%	RB: 3
Stachys palustris (WF)	沼生水苏	8%	
Symphytum officinale	聚合草		
Thalictrum flavum (WF)	黄唐松草		
Valeriana officinalis (WF)	缬草		

注：1. 建议播种密度：2~3 g/m²。
2. 粗体字：主要品种（特别适合的典型品种）。
3. (WF)：交替潮湿地区的指示物种，也建议用于渗池绿化。
4. 不含百分比的树种：必要时可添加的其他伴生树种（尤其是在混合物中没有其他树种的情况下）。
5. RB：柏林州维管植物红色名录（PRASSE 等，2001 年）；0 = 已灭绝或消失；1 = 濒临灭绝；2 = 极度濒危；3 = 濒危；G = 濒危，但无濒危等级；R=极为罕见；V=正在减少，预警名单上的物种。

引用：Senatsverwaltung für Stadtentwicklung und Umwelt, Der Landesbeauftragt für Naturschutz und Landschaftspflege Berlin. op. cit. 2013: 28。

附表 D　本土干草原植物配比表（阳光充足，干燥至较干燥土壤）

组别	数量/株	拉丁名	中文名
骨干植物	10	Stachys recta	挺直水苏
	12	Dictamnus albus	白鲜
伴生植物	50	Anthericum ramosum	圆果吊兰
	80	Aster amellus 'Sternkugel'	'Sternkuge'雅美紫菀
	50	Aster linosyris	某乳菀属植物
	150	Allium senescens subsp. montanum	某山韭亚种
	60	Carlina acaulis subsp. simplex	某无茎刺苞菊亚种
	10	Dianthus carthusianorum	紫花石竹
	100	Pulsatilla vulgaris	欧白头翁
	50	Sedum telephium subsp. maximum	某紫八宝亚种
补充植物	40	Linum perenne	宿根亚麻
	40	Stipa pennata	羽状针茅
	40	Campanula rotundifolia	圆叶风铃草
地被植物	100	Carex humilis	低矮薹草
	80	Potentilla neumanniana	春委陵菜
	50	Sedum album	玉米石
	40	Teucrium chamaedrys	石蚕
	50	Thymus praecox	早花百里香
	60	Veronica prostrata	平卧婆婆纳

注：种植密度为 10.1 株/m^2，表中为每 100 m^2 的种植量。

引用：Bundesinformationszentrum Landwirtschaft. Staudenmischpflanzung [EB/OL]. https://www.neustadt-a-rbge.de/leben-in-neustadt/umwelt-klimaschutz/biodiversitaet/bml-staudenmischpflanzungen.pdf?cid=1mby: 52. [2024.04.26]。

附表 E　北美草原夏天植物配比表　（阳光充足，较干燥至新鲜土壤）

组别	数量/株	拉丁名	中文名
骨干植物	15	Agastache foeniculum 'Blue Fortune'	'Blue Fortune' 茴藿香
	15	Aster ericoides 'Pink Star'	'Pink Star' 柳叶白菀
	15	Baptisia australis	南方巴帕迪豆
	10	Solidago caesia	蓝灰一枝黄花
	15	Panicum virgatum 'Hänse Herms' / 'Heavy Metal'	'Hänse Herms' 或 'Heavy Metal' 柳枝稷
伴生植物	50	Echinacea pallida	淡紫松果菊
	75	Echinacea purpurea	松果菊
	60	Liatris spicata	蛇鞭菊
	45	Monarda fistulosa var. menthifolia	某拟美国薄荷变种
	15	Parthenium integrifolium	全缘叶银胶菊
	50	Penstemon digitalis 'Huskers Red'	'Huskers Red' 毛地黄钓钟柳
	80	Tradescantia ohiensis	紫露草
补充植物	30	Verbena bonariensis	柳叶马鞭草
	10	Gaura lindheimeri	山桃草
	150	Pycnanthemum tenuifolium	薄叶山薄荷
	100	Aster divaricatus	杈枝紫菀
	100	Artemisia ludoviciana var. albula 'Silver Queen'	'Silver Queen' 银叶艾
	50	Oenothera pilosella	某月见草属植物
球根植物和秋季栽植	200	Camassia leichtlinii 'Caerulea'	'Caerulea' 大糠百合
	800	Narcissus cyclamineus 'Jenny'	'Jenny' 仙客来水仙

注：种植密度为 7 株/m²，球根植物 10 株/m²，表中为每 100 m² 的种植量。

引用：Bundesinformationszentrum Landwirtschaft. Staudenmischpflanzung [EB/OL]. https://www.neustadt-a-rbge.de/leben-in-neustadt/umwelt-klimaschutz/biodiversitaet/bml-staudenmischpflanzungen.pdf?cid=1mby: 91. [2024.04.26]。

附表 F 粉红天堂植物配比表（阳光充足，新鲜至湿润土壤）

组别	数量	拉丁名	中文名
骨干植物	10 株	Calamagrostis acutiflora 'Karl Foerster'	卡尔拂子茅
	30 株	Festuca mairei	昆明羊茅
	10 株	Pennisetum alopecuroides 'Japonicum'	'Japonicum' 狼尾草
伴生植物	20 株	Anemone 'Königin Charlotte'	'Königin Charlotte' 银莲花
	20 株	Eupatorium rugosum 'Chocolate'	'Chocolate' 白蛇根草
	40 株	Heuchera micrantha 'Plum Pudding'	'Plum Pudding' 肾形草
	20 株	Lythrum salicaria	千屈菜
	30 株	Persicaria bistorta 'Superba'	'Superba' 拳参
	20 株	Chelone obliqua 'Alba'	'Alba' 偏斜蛇头花
	30 株	Stachys grandiflora 'Superba'	'Superba' 人花水苏
	30 株	Thalictrum aquilegifolium	欧洲唐松草
	20 株	Iris sibirica 'Red Flame'	'Red Flame' 西伯利亚鸢尾
补充植物	20 株	Aquilegia vulgaris	欧耧斗菜
地被植物	80 株	Geranium x cantabrigiense 'Berggarten'	某老鹳草属植物品种
	80 株	Geranium x oxonianum 'Rose Clair'	'Rose Clair' 奥氏老鹳草
	70 株	Geranium x magnificum 'Rosemoor'	'Rosemoor' 大老鹳草
	70 株	Aster dumosus 'Roenwichtel'	'Rosenwichtel' 灌丛联毛紫菀
球根植物和秋季栽植	300 株	Allium aflatunense 'Purple Sensation'	'Purple Sensation' 细茎韭
	300 株	Allium sphaerocephalon	圆头大花葱
	400 株	Anemone blanda 'White Splendour'	'White Splendour' 希腊银莲花
	400 株	Anemone blanda 'Blue Shades'	'Blue Shades' 希腊银莲花
	1500 株	Crocus etruscus 'Rosalind'	'Rosalind' 意大利番红花
	100 株	Hyacinthus orientalis	风信子
	700 株	Tulipa bakeri 'Lilac Wonder'	'Lilac Wonder' 巴氏郁金香
播种	2 g	Alyssum maritimum 'Orientalische Nacht'	'Orientalische Nacht' 香雪球
	9 g	Iberis umbellata 'White Flash'	'White Flash' 伞形屈曲花
	5 g	Eschscholzia californica 'Rose Chiffon'	'Rose Chiffon' 花菱草

注：种植密度为 6 株/m^2，球根植物 37 株/m^2，表中为每 100 m^2 的种植量。

引用：Bundesinformationszentrum Landwirtschaft. Staudenmischpflanzung [EB/OL]. https://www.neustadt-a-rbge.de/leben-in-neustadt/umwelt-klimaschutz/biodiversitaet/bml-staudenmischpflanzungen.pdf?cid=1mby: 96. [2024.04.26]。

附表 G 色彩镶边植物配比表（阳光充足至半荫，较干燥至新鲜土壤）

组别	数量/株	拉丁名	中文名
骨干植物	10	Aster ericoides 'Herbstmyrthe'	'Herbstmyrthe' 柳叶白菀
	10	Aster ericoides 'Blue Wonder'	'Blue Wonder' 柳叶白菀
	20	Aster macrophyllus	大叶北美紫菀
	10	Aster schreberi	某北美紫菀属植物
	30	Centaurea dealbata 'Steenbergii'	'Steenbergii' 绒矢车菊矢车菊
伴生植物	50	Aquilegia vulgaris	欧耧斗菜
	40	Euphorbia epithymoides	多色大戟
	30	Aster amellus 'Veilchenkönigin'	'Veilchenkönigin' 叶苞紫菀
	30	Buphthalmum salicifolium 'Alpengold'	'Alpengold' 牛眼菊
补充植物	80	Luzula nivea 'Schneehäschen'	'Schneehäschen' 白穗地杨梅
	80	Meconopsis cambrica	威尔士罂粟
地被植物	80	Alchemilla erythropoda	红柄羽衣草
	70	Anemone sylvestris	大花银莲花
	80	Centaurea bella	雅丽绒矢车菊
	50	Geranium x magnificum	大老鹳草
	70	Geranium sanguineum 'Album'	'Album' 血红老鹳草
	60	Geranium sanguineum 'Apfelblüte'	'Apfelblüte' 血红老鹳草
球根植物和秋季栽植	500	Anemone blanda 'White Splendour'	'White Splendour' 希腊银莲花
	500	Anemone blanda 'Blue Shades'	'Blue Shades' 希腊银莲花
	500	Chionodoxa luciliae 'Blue Giant'	'Blue Giant' 雪百合
	500	Scilla mischtschenkoana	伊朗绵枣儿

注：种植密度为 8 株/m^2，球根植物 20 株/m^2，表中为每 100 m^2 的种植量。

引用：Bundesinformationszentrum Landwirtschaft. Staudenmischpflanzung [EB/OL]. https://www.neustadt-a-rbge.de/leben-in-neustadt/umwelt-klimaschutz/biodiversitaet/bml-staudenmischpflanzungen.pdf?cid=1mby: 99. [2024.04.26]。

附表 H　本土原生开花植物配比表　（阳光充足至全荫，较干燥至新鲜的土壤）

组别	数量/株	拉丁名	中文名
骨干植物	25	Dictamnus albus	欧白鲜
	40	Digitalis lutea	黄花毛地黄
伴生植物	20	Aquilegia vulgaris	欧耧斗菜
	80	Campanula persicifolia	桃叶风铃草
	30	Euphorbia dulcis	甜味大戟
	50	Melittis melissophyllum	异香草
	100	Primula veris	黄花九轮草
	30	Ranunculus acris 'Multiplex'	'Multiplex' 高毛茛
地被植物	80	Carex montana	某薹草属植物
	40	Fragaria vesca	野草莓
	80	Lathyrus vernus	春山黧豆
	80	Potentilla alba	白花委陵菜
	100	Viola riviniana	里文堇菜
球根植物和秋季栽植	500	Anemone nemorosa	丛林银莲花
	100	Lilium martagon	欧洲百合
	1000	Scilla bifolia	蓝瑰花

注：种植密度为 7 株/m^2，球根植物 18 株/m^2，表中为每 100 m^2 的种植量。

引用：Bundesinformationszentrum Landwirtschaft. Staudenmischpflanzung [EB/OL]. https://www.neustadt-a-rbge.de/leben-in-neustadt/umwelt-klimaschutz/biodiversitaet/bml-staudenmischpflanzungen.pdf?cid=1mby: 111. [2024.04.26]。

附表 I 半荫冬季开花植物配比表（阳光半荫，较干燥至新鲜土壤）

组别	数量/株	拉丁名	中文名
骨干植物	15	Acanthus hungaricus	匈牙利老鼠簕
	30	Molinia caerulea 'Moorhexe'	'Moorhexe'天蓝麦氏草
	20	Solidago caesia	蓝灰一枝黄花
伴生植物	30	Aster divaricatus	杈枝紫菀
	20	Helleborus foetidus	臭铁筷子
	50	Lathyrus vernus 'Albus'	'Albus'春山黧豆
	50	Luzula nivea	白穗地杨梅
地被植物	200	Erica carnea 'Myretoun Ruby'	'Myretoun Ruby'欧石南
	150	Erica x darleyensis 'Silberschmelze'	'Silberschmelze'达尔利欧石南
	80	Polypodium interjectum 'Cornubiense'	'Cornubiense'间型多足蕨
	50	Primula vulgaris subsp. vulgaris	某欧洲报春亚种
	50	Viola odorata 'Königin Charlotte'	'Königin Charlotte'香堇菜
球根植物和秋季栽植	500	Galanthus elwesii	大雪滴花
	100	Lilium martagon	欧洲百合
	1000	Lilium martagon 'Album'	'Album'欧洲百合

注：种植密度为 7.4 株/m^2，球根植物 6.5 株/m^2，表中为每 100 m^2 的种植量。

引用：Bundesinformationszentrum Landwirtschaft. Staudenmischpflanzung [EB/OL]. https://www.neustadt-a-rbge.de/leben-in-neustadt/umwelt-klimaschutz/biodiversitaet/bml-staudenmischpflanzungen.pdf?cid=1mby: 113. [2024.04.26]。

附表 J　荫影珠宝配比表（阳光半荫到全荫，较干燥至新鲜土壤）

组别	数量/株	拉丁名	中文名
骨干植物	5	Aruncus dioicus	普通假升麻
	5	Hosta 'Blue Angel'	'Blue Angel' 玉簪
伴生植物	20	Hosta 'El Niño'	'El Niño' 玉簪
	30	Aster divaricatus 'Tradescant'	'Tradescant' 杈枝紫菀
	30	Brunnera macrophylla 'Jack Frost'	'Jack Frost' 心叶牛舌草
	30	Campanula latifolia var. macrantha	阔叶风铃草
	30	Digitalis ferruginea 'Gelber Herold'	'Gelber Herold' 锈点毛地黄
	30	Heuchera 'Brownies'	'Brownies' 矾根
	40	Hakonechloa macra 'Aureola'	'Aureola' 箱根草
	30	Sesleria autumnalis	秋蓝禾
	50/80*	Helleborus 'Bollene'	'Bollene' 铁筷子
补充植物	20	Aquilegia vulgaris 'Alba'	'Alba' 欧耧斗菜
	40	Euphorbia amygdaloides 'Purpurea'	'Purpurea' 扁桃叶大戟
	80/200*	Viola odorata 'Königin Charlotte'	'Königin Charlotte' 香堇菜
地被植物	200/400*	Epimedium x versicolor 'Sulphureum'	'Sulphureum' 异色淫羊藿
球根植物和秋季栽植	30	Lilium 'Backhouse'	'Backhouse' 百合
	100	Tulipa fosteriana 'Yellow Purissima'	'Yellow Purissima' 皇帝郁金香
	200	Narcissus 'Stainless'	'Stainless' 水仙
	270	Narcissus cyclamineus 'Rapture'	'Rapture' 仙客来水仙
	400	Hyacinthoides hispanica 'White City'	'White City' 西班牙蓝铃花
	600	Chionodoxa luciliae 'Alba'	'Alba' 雪百合
	700	Crocus tommasinianus 'Whitewell Purple'	'Whitewell Purple' 渐变番红花
	700	Galanthus nivalis	雪滴花

注：种植密度为 6.5 株/m²，林下植物（*）10 株/m²，球根植物 30 株/m²，表中为每 100 m² 的种植量。

引用：Bundesinformationszentrum Landwirtschaft. Staudenmischpflanzung [EB/OL]. https://www.neustadt-a-rbge.de/leben-in-neustadt/umwelt-klimaschutz/biodiversitaet/bml-staudenmischpflanzungen.pdf?cid=1mby: 128. [2024.04.26]。

附表 K 渗池建议种植植物表

拉丁名	中文名	高度/cm	种植密度/(株/m²)
Hedera helix	洋常春藤	30~40	8
Ligustrum vulgare 'Lodense'	'Lodense' 欧洲女贞	30~40	5
Lonicera nitida 'Maigrün'	'Maigrün' 亮叶忍冬	30~40	6
Mahonia aquifolium 'Atropurpurea'	'Atropurpurea' 北美十大功劳	30~40	5
Prunus laurocerasus 'Otto Luyken'	'Otto Luyken' 桂樱	40~50	2
Salix repens ssp. Argentea	某柳属植物	40~60	2
Symphoricarpos x *chenaultii* 'Hancock'	'Hancock' 小叶红雪果	40~60	4
Potentilla 'Goldfinger'	'Goldfinger' 委陵菜	30~40	5
Potentilla 'Goldteppich'	'Goldteppich' 委陵菜	30~40	6

引用：Berliner Wasserbetriebe. Mulden-Rigolen-System Regelquerschnitt, Regelblatt 601. 2017。

专业词汇表

北美草原（prairie）：位于北美中部（美国至加拿大），是由高原大陆性气候和有针对性的火灾管理形成的草原。

播种：从种子开始的种植方式，目标是形成美丽的缀花草地或草甸。播种适用于私人区域和公共区域的大规模绿化，可长期维护，也可配合临时的活动。

草坪（Rasen, lawn）：主要由生长茂密的草组成的植物覆盖物，通过定期的修剪来保持适合行走或停留的园林景观要素。

草甸（Wiese, meadow）：不需要如草坪般时常修剪，通常每年只需要修整 1~3 次，这种粗放的养护使得草甸本身受到较小程度的干扰，从而为小动物、昆虫等提供了理想的栖息地。

城市群社区（Agglomeration）：由市域与其城郊边缘地带或紧邻的外部地区组成。

单一种植（Monopflanzung）：指某种（或几种）植物的大面积种植效果，由于种间关系相对简单，并不需要很多生态知识作为理论支持。

风景保护地（Landschaftsschutzgebiete）：以保护自然和风景为主要目的，包括对特定野生动植物的生活场所和生活空间的保护。

干草原（steppe）：大陆性气候强的东欧、西伯利亚西部和中亚的天然草地。

核心组种植（Kerngruppenpflanzung）：是确定种植的核心植物并形成组团，反复出现的种植方法。需要根据植物的社交水平，选取与其性质相似或对比鲜明的植物，确保它们在各个维度都可以有效地互相补充。

花床（flower bed）：指花卉的种植床，平面可见、维护花卉种植的边界。

时令花坛（Wechselflor）：指在特定季节利用花卉组合，突出色彩、图案（模纹花坛）、雕塑或装置（立体花坛）等效果的应用形式，突出时令性。

花台（raised bed）：中国传统的花卉应用形式，往往高于地面。

花境（flower border，Rabatte）：起源于英国，传统的英国花境分为由宿根植物构成的多年生花境、由宿根植物和木本植物共同组成的混合花境 2 种，呈带状，通常 2~4 m 宽，长度各异。

荒野（Wilderness）：指大片因难以居住而未经开发或种植庄稼的土地，或无人管理的地方。

混合种植（Mischpflanzung）：基于"生活范围"的一种种植方法。在考虑到植物花期、外形、叶片观赏性等搭配因素的基础上，探讨共生组合的动态发展，同时纳入生态思想，以确保混合种植能够实现长期效果。

基质种植（Matrix）：由皮特·奥多夫首创，事实上就是将单一种植或渐进种植的 2 种植物作为基质（图底），在其上叠加块状种植的种植方法。

渐进种植（Verlaufspflanzung）：也称渗透种植，是指一种物种与其他两种或多种物种相互渗透、交替出现的种植类型。

近自然种植（naturalistic, naturnah）：借鉴植物在自然中的野生状态，经过美学加持组合植物的方法，其目的是形成长期稳定、不依赖精细养护便能真正生活在场地之上的群落。

景象种植（Aspektpflanzungen）：以关键植物的特定景象（主要指花期、花色、果实等）来决定植物组合与空间布局。景象也不一定只是视觉景象，还包括气味等其他方面的景象。

竞争策略（Competitors, C-策略）是指植物通过争取更多的自然资源而保证自身生存的策略，突出"争"。

块状种植（Blockpflanzung）：图案种植中最为简洁的一种形式，适应城市中的现代设计，兼顾群体远观的冲击力效果和植株近察的细节。

砾石花园（Kiesgarten）：不同于

岩石园，可以被解释为一种特殊的岩石草原（Felssteppe），更为抽象的版本便是日本的枯山水。

领袖植物（Leistauden）：指在多年生草本花境（和花床）中定下基调、重复出现且表达主题的植物。

流线型丛植（Driftpflanzung）：这种波浪状的结构化群栽是由格特鲁德·杰基尔开发的，也是花境的经典种植方式，形成一幅"交织"的植被图。

马赛克种植（Mosaikpflanzung）是指植物种植呈现无规律、自由斑点的形式，其中同一物种植物群的规模通常为 $1\sim3\ m^2$。

耐压策略（Stress-tolerators，S-策略）：植物通过不同的适应策略（如拟态、脱水保护等）应对特殊情况，忍受压力从而得以生存，突出"忍"。

群植（Herdepflanzung）：每个物种可占据 $5\sim10\ m^2$ 的斑块，这些斑块通常都是无规律、自由分布的。

散植（Streupflanzung）：借鉴自然中沙地和岩石地区植物分散的野生状态，往往用于沙地、岩石、砾石或水景花园的设计中。

生活范围（Lebensbereich）：类似现在群落生境的概念，但其分类更强调空间要素，即植物生活的场所。

石楠荒原（Heide）：一种景观类型，石楠荒原中并不一定包含石楠这种植物。

图案种植（Flächenfigurpflanzungen）：广义的图案种植包括边界、效果都相对稳定的块状种植和流线型丛植，无规律的群植、马赛克种植，强调种类的单一种植，重点在于等距的阵列种植。狭义的图案种植通常与花纹、图样等相关，如刺绣花坛、模纹花坛等。

先锋策略（Ruderals，R-策略）：植物以特定适应策略应对多种干扰（如踩踏、修剪等），往往在短周期生命实现，突出"快"。

延续种植（Folgestaudenpflanzung）：主旨类似花期的延续，但是不仅限于花卉色彩的延续，还包括植物生长形态的延续。

再野化（Rewilding）：对生态系统的大规模恢复，让大自然能够自我管理，在适当的情况下恢复缺失的物种——让它们能够塑造景观和栖息地。

阵列种植（Rasterpflanzung）：指同一种植物等距的布局形式。

植物结构（structure，Struktur）：指植物的分支特点及幼芽或小枝的框架特征。不同于花序（如伞形花序、伞房花序等）或果序（花序在果期内，称为果序），也不同于植物的外形形状（habit, Habitus，如毯状等）。

植物社交水平（Geselligkeitsstufen）：多年生植物可以单独或以不同大小的组别组合在一起，植物社交水平即其社会性组合的能力。

自然保护地（Naturschutzgebiete）：面积很小，注重对特定野生动植物的生活场所、群落生境或共生物种的保护、发展或修复。

自然公园（Naturparke）：非法定的保护地，面积较大，往往囊括隶属于德国法定保护地的自然保护地（Naturschutzgebiete）与风景保护地（Landschaftsschutzgebiete）。

自然花园（Naturgärten）：人们按照个人品位设计并添加使用需求的花园，其最主要的特征是优先使用本地野生植物（einheimische Wildpflanzen），为本地动物提供食物和栖息地。

自然原型：不仅是指森林、草原等宏观的景观类型，也不局限于如华北、川南等广阔的地域范围或林缘、林下、林间空地等模糊的空间位置，而是标明了具体属性的群落生境（biotop）。

自生植物（spontaneous Vegetation）：指未经有意向性的园艺介入而生长的植物，它们生于自然，低成本、低养护、适应场地条件，具备独特且真实的特征。

Parterre all'italiana：文艺复兴时期以黄杨等为主要植物材料修剪而成的花坛。

Parterre à l'anglose：指由花境形成的英式草坪小隔间。

Parterre de broderie 即 parterre à la française：是指 17 世纪后期至 18 世纪以凡尔赛宫为典型代表的刺绣花坛，刺绣花坛并非仅由植物组成，还包括彩色的砾石、砖和沙地等元素。

Parteste de compartiment：指18世纪后期装饰草坪和花卉组成的花坛。

Pflanzgemeinschaft：植物组合，强调依照生活范围形成的植物组合。

Pflanzengemeinschaft：植物群落。

Pflanzengesellschaft：植物社会，基于植物社会学，指有规律的、植物种间相互依存的关系。

The wild：野外，指不被人控制的自然环境。

The wilds：野外，远离城镇的地方。

参考文献

[1] AKTINS R. The Evolution of a Plantsman in Piet Oudolf at Work [M]. London: Phaidon Press Limited, 2023.
[2] ASBURY J. Trentham [M]. Peterborough: Jarrold Publishing, 2024.
[3] BENDFELDT K. Vom Teppichbeet zur naturnahen Pflanzung: ein Rückblick auf die Entwicklung und Verwendung der Stauden und Gehölzsortimente von 1900-1950 [M]. Barcelona: Oceano, 2019.
[4] Berliner Wasserbetriebe. Mulden-Rigolen-System Regelquerschnitt, Regelblatt 601 [S]. 2017.
[5] BORCHARDT W. Pflanzenverwendung im Garten und Landschaftsbau [M]. Stuttgart: Verlag Eugen Ulmer, 1997.
[6] BORCHARDT W. Pflanzenverwendung: Das Gestaltungsbuch [M]. Stuttgart: Verlag Eugen Ulmer, 2013.
[7] BOUILLON J. Handbuch der Staudenverwendung [M]. Stuttgart: Verlag Eugen Ulmer, 2013.
[8] BRANDES, D. Die Ruderalvegetation im östlichen Nied ersachsen: Syntaxonomische Gliederung, Verbreitung und Lebensbedingungen. [M]- Habilitationsschr. Naturwiss. Fak. TU Braunschweig. VI, 1985: 292. Tab. Anh.
[9] BRANDES, D. & D. Griese. Siedlungs- und Ruderalvegetation von Niedersachsen. Eine kritische übersicht. [M]- Braunschweig. 1991: 173. (Braunschweiger Geobotanische Arbeiten, 1.)
[10] CHATTO B. The Damp Garden [M]. London: Orion Pub Co, 1998.
[11] CHATTO B. Beth Chatto's Garden Notebook [M]. London: Orion Pub Co, 2012.
[12] CHATTO B. Drought-Resistant Planting: Lessons from Beth Chatto's Gravel Garden [M]. London: FRANCES LINCOLN, 2016.
[13] CHATTO B. Beth Chatto's Shade Garden: Shade-Loving Plants for Year-Round Interest [M]. London: Pimpernel Press, 2017.
[14] DENKEWITZ L. Heide Gärten [M]. Stuttgart: Verlag Eugen Ulmer,

1987.

[15] DUNNETT N, HITCHMOUGH J. The Dynamic Landscape: Design, Ecology and Management of Naturalistic Urban Planting [M]. London：Taylor & Francis, 2004.

[16] DUNNETT N. Naturalistic Planting Design: The Essential Guide [M]. London: Filbert Press, 2019.

[17] FREYTAG A. Dieter Kienast and the Topological and Phenomenological Dimension of Landscape Architecture. [M]. New York: Princeton Architectural Press, 2017.

[18] GROSCH L, PETROW C. Parks entwerfen: Berlins Park am Gleisdreieck oder die Kunst, lebendige Orte zu schaffen [M]. Berlin: JOVIS, 2015.

[19] HANSEN R. Sichtungsgarten Weihenstephan [M]. München: Verlag Callwey, 1977.

[20] HILL S. RHS Garden Wisley Garden Guide [M]. London: Royal Horticultural Society, 2020.

[21] HITCHMOUGH J. Sowing Beauty: Designing Flowering Meadows from Seed [M]. Portland: Timber Press, 2017.

[22] KINGSBURY N. Natural Garden Style: Gardening Inspired by Nature [M]. London: Merrell Publishers, 2009.

[23] KING M, OUDOLF P.Zarte und Prachtvolle Gräser [M]. Köln: Dumont, 1997.

[24] KING M, OUDOLF P. Gardening with Grasser [M].London: Lincoln, 1998.

[25] KOWARIK I. Stadtnatur in der Dynamik der Großstadt Berlin [J]. In: Denkanstöße. Stadtlandschaft – die Kulturlandschaft von Morgen Stiftung Natur und Umwelt Rheinland-Pfalz, Heft 9/2012: 18-24.

[26] KÜHN N. Neune Staudenverwendung [M]. Stuttgart: Verlag Eugen Ulmer, 2011.

[27] KÜHN N. Karl-Foerster-Garten in Bornim bei Potsdam [M]. Stuttgart: Verlag Eugen Ulmer, 2018.

[28] KÜHN N. Staudenverwendung [M]. Stuttgart: Verlag Eugen Ulmer, 2024.

[29] LEPPERT S. Zwischen Gartengräsern: Wolfgang Oehme und seine grandiosen Gärten in der Neuen Welt [M]. München: Deutsche Verlags-Anstalt, 2008.
[30] MARTIN V, et al. Urban Wildness: A More Correct Term Than "Urban Wilderness" [J]. Landscape Architecture Frontiers, 2021,9: 80-91.
[31] NAITO T. Wolfgang Oehme & James van Sweden: New World landscapes [M]. Process Architecture, 1997.
[32] OEHME W, SWEDEN J. Die Neuen Romantischen Gärten [M]. München: Callwey, 1990.
[33] OUDOLF P, DARKE R. Gardens of the High Line: Elevating the Nature of Modern Landscapes [M]. Portland: Timber Press, 2017.
[34] OUDOLF P, GERRITSEN H. Planting the Natural Garden [M]. Portland: Timber Press, 2019.
[35] OUDOLF P, GERRITSEN H. Meine Lieblingspflanzen: Neue Gartenpflanzen und ihre Verwendung [M].München: Dt. Verl.-Anst., 2005.
[36] OUDOLF P, KINGSBURY N. Neues Gartendesign mit Stauden und Gräser [M]. Stuttgart: Verlag Eugen Ulmer, 2014.
[37] OUDOLF P, KINGSBURY N. Pflanzen-Design: neue Ideen für Ihren Garten [M]. Stuttgart: Verlag Eugen Ulmer, 2006.
[38] OUDOLF P, KINGSBURY N. Design trifft Natur: Die modernen Garten des Piet Oudolf [M]. Stuttgart: Verlag Eugen Ulmer, 2013.
[39] OUDOLF P, KINGSBURY N. Oudolf Hummelo [M]. Stuttgart: Verlag Eugen Ulmer, 2016.
[40] OUDOLF P, LOLA. Landscape Works with Peit Oudolf and LOLA [M]. Rotterdam: NAI010 Publishers, 2021.
[41] PELZ P, TIMM U. Faszination Weite: die Modernen Gärten der Petra Pelz [M]. Stuttgart: Verlag Eugen Ulmer, 2013.
[42] RAINER T, WEST C. Planting in a Post-wild World: Designing Plant Communities for Resilient Landscapes [M]. Potland: Timber Press, 2015.
[43] REIF J, KRESS C, BECKER J. Blackbox Gardening: mit

versamenden Pflanzen Gärten gestalten [M]. Stuttgart: Verlag Eugen Ulmer, 2014.

[44] ROBINSON W. The Wild Garden: Expanded Edition [M]. Potland: Timber Press, 2009.

[45] SCHACHT M. Gartengestaltung mit Stauden: Von Foerster bis New German Style [M]. Stuttgart: Verlag Eugen Ulmer, 2012.

[46] SCHACHT M, ADAMS K. Die schönsten Kiesgärten: prächtige Gärten mit wenig Aufwand [M]. München: Callwey, 2013.

[47] Schau- und Sichtungsgarten Hermannshof e. V. Kreative Slaudenpflege. 2001: 6.

[48] SCHMIDT C. Schau- und Sichtungsgarten Hermannshof [M]. Stuttgart: Verlag Eugen Ulmer, 2018.

[49] SCHMIDT C, et al. Piet Oudolf at Work [M]. London: Phaidon, 2023.

[50] SCHÖNFELD P, SCHMIDT C, KIRCHER W, et al. Staudenmischpflanzungen [Z]. Bundesanstalt für Landwirtschaft und Ernährung, 2017.

[51] TURNER, T. H. D. (1982). Loudon's stylistic development [J/OL]. The Journal of Garden History, 2(2), 175–188. https://doi.org/10.1080/01445170.1982.10412401.

[52] VON BERGER, Frank M. New German Style für den Garten [M]. Stuttgart: Verlag Eugen Ulmer, 2016.

[53] 李雄. 园林植物景观的空间意象与结构解析研究 [D]. 北京：北京林业大学，2006.

[54] Beth Chatto's Plants & Gardens [EB/OL].[2024-03-22]. https:// www. bethchatto.co.uk.

[55] Bundesinformationszentrum Landwirtschaft. Staudenmischpflanzung [EB/OL]. [2024-04-26].https://www.neustadt-a-rbge.de/leben- in-neustadt/umwelt-klimaschutz/biodiversitaet/bml-stauden-mischpflanzungen.pdf?cid=1mby: 45, 52, 91, 96, 99, 111, 113, 128.

[56] Bundesnaturschutzgesetz [EB/OL]. [2019-05-13]. https://www. gese- tze-im-internet.de/bnatschg_2009/BNatSchG.pdf.

[57] DUNNETT. Nigel [EB/OL]. [2024-03-22].https://www.nigeldunnett.

com/ about/.
[58] EPPEL-HOTZ A. Pflanzen für Versickerung und Retention [EB/OL]. [2024-04-17]. https://www.lwg.bayern.de/mam/cms06/landespflege/dateien/pflanzen_versickerung.pdf.
[59] Gartenaesthetik. Begriffe der (Landschafts-) Gartenarchitektur [EB/OL]. [2024-03-24]. https://gartenaesthetik.de/gartenaesthe- tikglossar/.
[60] Karl-Foerster-Stiftung. Heemparks [EB/OL]. [2024-04-21].https://www. ulmer.de/beispiel-gaerten/heemparks/160708.html?UID=0C-C8BAA52371DF60AF7616EEFED97C155E47A89D9760BC.
[61] Karl-Foerster-Stiftung. Prof. Dr. Richard Hansen [EB/OL]. [2020-01-22]. https://www.ulmer.de/Karl-Foerster/Der-Bornimer-Kreis/Richard-Hansen/4980.html?UID=BBD3A4E2C18E4C409BE-42C6ABF87C3671DAEA95C4AA5E8.
[62] Naturgarten e.V. Naturgarten [EB/OL]. [2022-10-03].https://naturgarten. org/wissen/was-ist-ein-naturgarten/.
[63] Rewilding Britain [EB/OL].[2024-04-21].https://www. rewildingbritain. org.uk/why-rewild/benefits-of-rewilding/why-we-need-re- wilding.
[64] Senatsverwaltung für Stadtentwicklung und Umwelt, Der Landesbeauftragt für Naturschutz und Landschaftspflege Berlin. Pflanzen für Berlin: Verwendung gebietseigener Herkünfte. 2013 [EB/OL]. [2024-04-21].https://www.agrar.hu-berlin.de/de/institut/departments/daoe/bk/forschung/klimagaerten/weiterfueh- rende-materialien-1/2013_pflanzen-fuer-berlin.pdf: 25-28.
[65] Steppengarten [EB/OL].[2024-04-14].http://www.steppengarten.de.
[66] Tom Stuart-Smith. The Barn Garden [EB/OL]. [2024-04-14].https://www.tomstuartsmith.co.uk/projects/meadows-praries.
[67] Tom Stuart-Smith. Trentham [EB/OL]. [2024-04-21].https://www.tomstuartsmith.co.uk/projects/trentham.
[68] United Nations Statistics Division [EB/OL]. [2024-04-20]. https://unstats. un.org/unsd/demographic/sconcerns/densurb/densurbmethods.htm .

致谢

《近自然种植设计：从原理到应用》是笔者在柏林工业大学攻读博士学位期间，参加的植物应用相关课程，结合拓展阅读、实地考察等，经过系统梳理而成。

在本书的撰写过程中，特别感谢 Norbert Kühn 先生的指导，他的课程和学术观点对本书的理论框架影响深远；同时感谢 Daniela Corduan 同学在研究和讨论中提供的帮助。感谢我的母亲刘津宁女士在考察和写作过程中的陪伴与鼓励，以及我的导师马玉女士、唐进群先生和李雄先生在学术上的支持和建议。

最后，感谢耿欣先生提供了相关的照片，以及时颂老师在出版环节的专业协助，使本书得以顺利面世。